黑龙江省自然科学基金项目（LH2019E119）资助

粉煤灰活化及富水速凝胶结材料充填采空区技术研究与应用

陈维新　关显华　著

U0337641

中国矿业大学出版社

·徐州·

内 容 提 要

　　本书根据水固比对胶结材料重新进行了分类,主要介绍了以大量活化后的粉煤灰为主料,以水泥、石膏、石灰、外加剂为辅料的富水速凝胶结充填材料,对富水速凝胶结充填材料的形成机理、基本特性、制备方法等进行了详细的阐述,最后介绍了与其相配套的充填系统、充填方式及在矿山中应用的三个实例。本书所介绍的富水速凝胶结充填材料是作者通过大量试验获得的新型充填材料,可应用于充填开采、沿空留巷、井下防灭火、注浆加固与堵水等方面。

　　本书可供土木工程、采矿工程、建筑学等专业的学生和工程技术人员参考使用。

图书在版编目(CIP)数据

粉煤灰活化及富水速凝胶结材料充填采空区技术研究
与应用 / 陈维新,关显华著. —徐州:中国矿业大学
出版社,2020.8
　　ISBN 978-7-5646-4794-0

　　Ⅰ. ①粉… 　Ⅱ. ①陈…②关 　Ⅲ. ①采空区充填—
粉煤灰—活化 ②采空区充填—富水性—速凝材料 　Ⅳ.
①TD325

　　中国版本图书馆 CIP 数据核字(2020)第145693号

书　　名	粉煤灰活化及富水速凝胶结材料充填采空区技术研究与应用
著　　者	陈维新　关显华
责任编辑	满建康
出版发行	中国矿业大学出版社有限责任公司
	(江苏省徐州市解放南路　邮编221008)
营销热线	(0516)83884103　83885105
出版服务	(0516)83995789　83884920
网　　址	http://www.cumtp.com　**E-mail**:cumtpvip@cumtp.com
印　　刷	徐州中矿大印发科技有限公司
开　　本	787 mm×1092 mm　1/16　**印张** 12　**字数** 235 千字
版次印次	2020 年 8 月第 1 版　2020 年 8 月第 1 次印刷
定　　价	45.00 元

(图书出现印装质量问题,本社负责调换)

前　　言

经过改革开放四十多年的持续发展，我国国内生产总值已稳居世界第二。随着国家经济能力增强，能源生产消费的发展方式势必会由粗放型向集约型转变，之前为了发展牺牲环境的模式一定会从根本上转变。随着我国煤矿生产机械化的提高，开采范围不断扩大，采空区自然垮落的传统采煤工艺造成的地面沉陷、水资源流失等问题，不仅影响居民的生命财产安全，而且对区域生态环境造成极大的破坏，而且这种破坏极有可能是无法恢复的。如何进行煤炭的绿色开采成了当前迫切需要解决的行业重大问题。

采空区充填技术将井工矿采空区及时充填，不破坏顶板围岩完整性，可实现"三下"煤层开采、保水开采、各类煤柱开采；消除了垮落法开采造成的大范围采空区产生的应力集中、矿井水隐患、瓦斯及有害气体积存、边界煤层自燃等各种灾害隐患；同时，通过充填置换各类煤柱，提高了煤炭资源采出率。因此，采空区充填技术是目前绿色开采的一个重要选择，其中胶结材料采空区充填技术由于充填后整体性好、强度高等优点成为充填采煤的一个重要研究方向。本书根据"水固比"的概念对胶结充填材料重新进行了分类；介绍了以大量活化后的粉煤灰作为主料，以水泥、石膏、石灰、外加剂为辅料的新型胶结充填材料的试验过程、主要特性、制备方法，并按照材料特性及制浆顺序研发了相应的充填系统和工艺，形成了一套新型采空区胶结充填技术。该技术在龙煤集团七台河矿业公司桃山矿、龙煤集团双鸭山矿业公司新安矿、通化矿业（集团）有限责任公司八宝煤业公司立井应用后，取得了不错的效果。本书对在实践中取得的经验做了总结，也对暴露的问题进行了剖析。总之，希望本书能给胶结充填的理论体系注入新鲜的血液，为胶结充填技术提供一种新的方法。

　　本书中的成果及应用实例是作者参与李凤义教授主持的充填项目后所做的总结，胶结材料的分类思想也是在李凤义教授的亲自指导下提出的。另外，张国华教授在本书编写过程中给予了大量帮助，李谭、单麒源等在作者研发材料过程中提供了很多支持，在此表示衷心的感谢。由于时间仓促，书中疏漏之处在所难免，欢迎读者不吝指正。

作　者

2020 年 8 月

目　　录

1 绪 论

1.1 我国煤炭开采现状

1.1.1 煤炭资源生产概况

我国煤炭资源较为丰富,截至 2005 年,已探明煤炭资源可采储量 114 500 亿 t,在储量最丰富的前四位国家中,我国位居第三。然而,我国的人均能源资源相对贫乏,煤炭储量不及美国的 1/2,人均煤炭资源占有量不及美国的 1/10 和世界的 1/2。另外,煤炭是我国的主要能源,多年的连续大量开采导致煤炭储采比逐年下降,低于世界平均储采比。可以预见,随着我国煤炭工业的不断发展,储采比还会持续下降。

1.1.2 煤炭开采造成的沉陷问题

我国主要的煤炭开采方式为井工开采,处理采空区的方法一般为自然垮落法。大面积高强度采煤导致我国华北、东北、华东许多矿区地面塌陷灾害频繁发生,部分地区因开采沉陷造成地下水水位严重下降。截至 2005 年,我国累计形成的塌陷面积达 4×10^5 hm² 以上,每年新增塌陷区面积为 $(1.5 \sim 2.2) \times 10^4$ hm²。随着煤矿开采范围的扩大,越来越多的土地受到破坏,土地沉陷也对矿区的居民生活带来威胁。矿区大面积的土地破坏,不仅影响居民的生命财产安全,而且对区域生态环境造成极大的破坏,这种破坏极有可能是无法恢复的。同时,我国东部矿区"三下"(建筑物下、铁路下、水体下)压煤比较普遍,据不完全统计,我国生产矿井"三下"压煤量高达 137.9 亿 t,其中建筑物下压煤达 87.6 亿 t,村庄下压煤占建筑物下压煤量的 60%~70%。

如何解决采空区沉陷问题,合理安全高效回采"三下"压煤已成为我国建设环境友好型社会,实现煤炭工业可持续发展亟须解决的问题之一。

1.2 粉煤灰的来源与利用现状

1.2.1 粉煤灰的来源

粉煤灰由高速气流喷入锅炉炉膛,有机物成分立即燃烧形成颗粒火团,充分释放热量。其燃烧的程度主要取决于锅炉的效率和操作水平。运行正常的现代电厂煤粉锅炉的炉膛最高温度可达到或超过 1 600 ℃,在这样的高温下,矿物杂质(黏土、莫来石、长石等)和少量石英石几乎可以全部熔融。在良好的燃烧条件下,粉煤灰烧成的温度较高,形成的玻璃微珠的成珠率也高,含碳量低。

粉煤灰形成的过程,即粉煤灰颗粒中矿物杂质的物质转变过程,也是化学反应过程,包含着黏土质矿物到硅酸盐玻璃体的形成过程。黏土质矿物在受热到 300 ℃时开始脱去表面的吸附水,650 ℃时开始脱去结晶水,1 100 ℃时矿物杂质中还有另外一些含水矿物。如石膏等达到相当的脱水温度时,也会产生脱水变化;碳酸盐矿物在高温下排出 CO_2;硫化物和硫酸盐排出 SO_2 和 SO_3;碱性物质在高温下则部分挥发。这个过程很短暂,是在煤粒随气流通过炉膛的若干秒之内发生的。灰粒在高温和空气湍流中,可燃物烧失、灰分聚集、分裂、熔融,在表面张力和外部压力等作用下形成水滴状物质,飘出锅炉后骤冷就固结成玻璃微珠。据测算,每燃烧 1 t 原煤,能产生粉煤灰 250~300 kg,还有 20~30 kg 炉渣。一个 $1×10^5$ kW 的火力发电厂每年要排出粉煤灰 10 万 t 左右。粉煤灰颗粒质量小,因此易产生悬浮物,游离于空气中,从而影响环境质量。同时,1 万 t 粉煤灰就要占用土地 1 334 m^2 以上,造成资金和土地资源的严重浪费。

1.2.2 粉煤灰的利用现状

随着世界各国粉煤灰产量的逐年增长,粉煤灰的利用量和利用率也在不断提高。粉煤灰的主要用途是用作大宗的土木和建筑工程材料。按照我国习惯,粉煤灰可在水泥和混凝土中应用,用于生产建材产品;在道路工程中应用,用作填方材料;用作造地等环境工程材料等。其中,粉煤灰在水泥和混凝土中应用最为普遍,且利用的技术水平也处于国际领先地位。

美国、英国、澳大利亚、加拿大等国已设立了不少粉煤灰公司,专门经营粉煤灰产品,主要产品是规格粉煤灰,其产品可直接用作混凝土的基本材料。国内外学者及从业人员在混凝土中掺入粉煤灰,最初都是出于经济性考虑,仅用粉煤灰取代等量水泥。随着粉煤灰在混凝土应用的诸多优点逐渐被发现,粉煤灰利用率也在不断提高,甚至在逐渐兴起的充填采矿领域中大量用作惰性材料以降低造价。

粉煤灰的早期活性较低,如大量掺入混凝土会延缓其凝结时间,并对混凝土的早期强度有着明显的削弱。针对这一问题,一些学者与工程界人士开始研究粉煤灰的活化问题。Malhoart,Kmehtat 和 Nenilel 等研究混凝土的权威人士做了很多工作,旨在提高其早期强度,取得了很好的效果。国内学者针对粉煤灰早期活性较低的问题也做了相应的研究,如钱觉时、林宝玉等认为"粉煤灰-石灰-硫酸盐"体系即使在常温常压下也能非常有效地激发粉煤灰的早期活性,而且这一体系也能很好地适应大掺量粉煤灰混凝土。

虽然我国粉煤灰利用率较世界平均水平要高,但主要是对优质粉煤灰的利用。由于我国热电厂排放的粉煤灰 95% 以上为Ⅲ级或"等外灰",活性较低,不能直接用于水泥混合材、高性能混凝土的掺合料,这就极大地限制了粉煤灰这一廉价资源的开发利用。因此,如能充分激发低品质粉煤灰的潜在活性,将极大提高其在工程中的利用率,这对于充分利用大量堆积的低品质粉煤灰,节约能源与资源,创造更高的经济效益都具有重要意义。

以往对粉煤灰的研究,无论是作为水泥混合材、混凝土掺合料,还是其他建材制品的生产原料,人们总是将其作为一种水泥的替代品进行讨论,而不是作为一种胶凝材料进行研究。目前国内外不少学者认为,对于粉煤灰、矿渣等材料,由于其自身具有潜在活性的特性已不能单纯地认为它是一种掺合料,而应将其转变为功能性材料,也就是研究其如何变成胶凝材料。只有将粉煤灰作为胶凝材料进行设计与研究,才能从根本上解决粗粉煤灰利用率低的问题。

1.3　胶结充填材料的种类及特点

根据目前煤矿或金属矿常用的胶结充填材料特点,本书将胶结材料按水固比分为两类,即高水固比(水固比在 0.6 以上)和中低水固比(水固比在 0.6 以下)胶结充填材料。再从惰性骨、集料粒径大小的角度,将高水固比胶结充填材料分为高水固比粉、砂粒胶结充填材料两种,中低水固比胶结充填材料可以分为中低水固比粉、砂粒胶结充填材料和中低水固比块石、砾粒胶结充填材料四种,见表 1-1。

表 1-1　惰性骨、集料粒级范围

惰性骨、集料	粒径范围/mm	包含的材料
粉粒	<0.05	粉煤灰、全尾砂、矿渣、分级尾砂
砂粒	0.05~2	天然砂(海砂、河砂、山砂等)、分级尾砂、磨砂(包括戈壁集料)
砾粒	>2~60	磨砂(包括戈壁集料)
块石	>60	碎石、块石(采掘剥离废石)

1.3.1　高水固比胶结充填材料

（1）高水速凝充填材料

高水速凝充填材料是中国矿业大学孙恒虎教授发明的一种能够将自身体积 9 倍的水在 30 min 之内凝结固化成固体人工石的新型胶凝材料，即所谓"点水成石"的新材料。

高水速凝材料由甲、乙两种固体粉料组成，该材料的水和固体粉料体积比含水率为 87%~90%，水固比为（2.2~2.57）∶1。材料具有可泵性：甲、乙两种固体粉料与水搅拌制成的甲、乙两种浆液，输送或单独放置可达 24 h 以上不凝固、不结底，因此，其非常适合机械化泵送施工，施工方便简单。材料具有速凝性：甲、乙两种材料浆液混合后才开始凝固，30 min 之内即可凝结成固体。材料的强度性能：甲、乙两种材料浆液混合后开始凝固，强度 1 h 可达 0.5~1 MPa，2 h 可达 2 MPa，1 d 可达 4 MPa，7 d 以后可达 5 MPa 以上。材料本身无毒、无害、无腐蚀性。材料的酸碱性：甲料 pH=9~10，为弱碱性；乙料 pH=11~12，为碱性。高水速凝材料所形成的人工石破坏后，具有重结晶恢复强度的性能。

高水速凝材料从发明到现在，在全国范围内得到了广泛的应用研究，在巷旁充填、注浆堵水、油井堵水、采空区及煤层火区灭火、三软煤层的注水防尘封孔、软土地基处理、壁后充填、软岩加固等方面得到了广泛的应用。但高水充填材料在部分地区（如东北矿区）的实际应用中成本相对较高，导致充填成本居高不下。

（2）低质量分数尾砂胶结充填材料

低质量分数尾砂胶结充填材料属于高水固比胶结充填材料，分级尾砂作惰性材料、普通水泥作胶结剂，其质量分数控制在 60%~70%。这一胶结技术是在尾砂水力充填的基础上发展起来的。水泥与尾砂比一般在 1∶30～1∶5,可以根据采场或采区的地质条件调整水泥与尾砂的比例。低质量分数尾砂胶结充填料浆的输送距离为 2 500～3 000 m,充填能力为 100～120 m³/h。

影响低质量分数尾砂胶结充填体强度的因素主要是水泥与尾砂的比例和水固比。在同一湿度和温度养护条件下,水泥占尾砂的比例越大,强度越高;在水泥与尾砂比例一定的情况下,水固比越大,强度越低。为了实现自流输送,导致料浆的水固比较大,充入采场后,大量的泌水必须通过滤水设施排出,不仅增加了排水费用、污染了环境,还造成大量水泥胶结材料流失,增加了成本,也降低了充填体强度。

(3) 高水速凝尾砂胶结充填材料

高水速凝尾砂胶结充填材料的原材料包括高水材料、惰性骨料(全尾砂、分级尾砂、山砂、河砂、海砂和人造砂等)和水。

高水充填材料与尾砂胶结充填材料不同。传统的尾砂胶结充填材料是以硅酸盐水泥系列及其他活性混合材料等为胶凝材料;而高水充填材料则以高水材料作为胶凝材料。传统的尾砂胶结充填材料对骨料中小于 20 μm 的细泥含量一般要求占骨料总量的 10%～15%,否则细泥含量过多,渗透系数很难达标,并会出现严重离析;而高水充填材料则对细泥含量无严格要求,因而可以使用全尾砂作为骨料。充填材料中水的作用不同,传统的尾砂胶结充填材料中水的主要作用是作为固相物料的输送介质,其中很少部分水参与水化硬化作用,大部分水最终要从采场中排泄而出;而高水充填材料中的水既作为固相物料的输送介质,又参与水化硬化作用,使水、尾砂和高水材料在进入采场后固结成为充填体。

1.3.2　中低水固比胶结充填材料

(1) 低水固比胶结充填材料

低水固比(高质量分数)胶结充填材料将普通水泥作为胶结剂,以全尾砂或粉煤灰作为惰性充填材料,通过活化搅拌,制成高质量分数的充填浆料,为非牛顿流体的流态浓度,具有屈服应力,但仍能通过自流输送系统输送自采场或工作面。一般地说,对全尾砂而言,真实质量分数为 68%～75%,为高质量分数充填料浆。因为水固比较小,且细粒级物料较多,比表面积大大增加,所以固液较难分离,解决了低质量分数胶结充填材料会大量泌水污染采场或工作面的缺陷。

(2) 膏体及似膏体胶结充填材料

采用破碎后的块石、煤矸石或建筑垃圾、粉煤灰或尾砂、普通水泥、添加剂来配制胶结材料,在地面将材料混合,加水搅拌完成,采用管道泵送方式送入采空区充填,待其凝固产生强度,即可对采空区围岩产生作用。在目前的充填材料中,膏体材料的质量分数最高,质量分数可达 75%~85%。料浆呈稳定的稠状膏体,类似牙膏状。材料本身塑性黏度和屈服应力大,流动能力弱,须采取专用膏体泵加压输送,成本较高。国内膏体胶结充填材料最先应用于金属矿山,20 世纪 80 年代,金川公司最先试验了膏体充填技术系统,取得了较多的膏体充填的研究经验。膏体充填材料属高质量分数胶结充填材料,膏体中的固体颗粒一般不发生沉淀,层间不发生交流,不易泌水,凝固时间短,能短时间内对围岩和顶板产生作用,减缓采空区闭合。

中国矿业大学孙恒虎教授最先提出似膏体胶结充填材料,材料采用高质量分数胶结技术,可节省胶结剂用量,降低材料成本,其质量分数一般为 74%~76%,从外观看近似于膏体。其主要特点是充填体强度接近于膏体充填材料强度;流动能力优于膏体充填材料,近似于水力充填材料;且井下不脱水或少量脱水。孙村煤矿和中南大学合作开展的"煤矸石似膏体充填胶结充填技术研究",对于解决采煤造成的地表塌陷、环境污染、资源回收效率不高等问题有一定成效。

(3)块石胶结充填材料

利用破碎分选后的块石、煤矸石或建筑垃圾作为充填骨料,高水材料、水泥浆或水泥砂浆其中的一种作为胶结剂,将其胶结成一个整体,充填采场或采空区,替代已采的矿石,起到防止上覆岩层移动和地表沉陷的作用。

块石胶结材料分两种工艺:一种为在距充填地点一定距离,将块石和胶结剂加水机械搅拌后通过管道泵送至充填地点,形成充填体;另一种为通过两套输送系统,分别把块石或胶结剂同时运送至充填地点搅拌后,或者到充填地点自然混合后形成充填体。

第一种块石胶结充填材料叫作类混凝土充填材料。为了降低成本,它一般用 100 号以下的水泥砂浆作为胶结剂。在砂浆中加入粗粒惰性材料后,1 m³ 粗粒惰性材料可取代 0.4~0.5 m³ 砂浆,而粗粒惰性材料的成本仅为砂浆的1/10~1/3。该充填方式的缺点是一旦遇到管路较长的输送容易发生堵管事故。

第二种块石胶结充填材料在 20 世纪 70 年代澳大利亚芒特艾萨矿开始应用,块石粒径一般小于 300 mm,多数控制在 150 mm 以下,与低质量分数尾砂胶结充填材料相比,可以节约水泥 60%,成本降低近 50%,而同龄期抗压强度可提高 1～2 倍。但该材料在制备过程中,需要一套块石输送系统,一套胶结剂管路输送系统,系统较复杂,且不能保证块石和胶结剂混合的均匀性,因此无法确切保证充填率及充填效果。

1.4 胶结充填技术概况及发展趋势

1.4.1 胶结充填技术概况

由于非胶结充填体无自立能力,难以满足采矿工艺高采出率和低贫化率的需要,因而在水砂充填工艺得以发展并推广应用后,就开始发展胶结充填技术。其代表矿山有澳大利亚的芒特艾萨矿,该矿于 20 世纪 60 年代采用尾矿胶结充填工艺回采底柱,其水泥添加量为 12%。随着胶结充填技术的发展,在这一阶段已开始深入研究充填材料的特性、充填材料与围岩的相互作用、充填体的稳定性和充填胶凝材料。

国内初期的胶结充填均为传统的混凝土充填,即完全按建筑混凝土的要求和工艺制备输送胶结充填材料。其中凡口铅锌矿从 1964 年开始采用压气缸风力输送混凝土胶结充填材料,充填体水泥单耗为 240 kg/m³。这种传统的粗骨料胶结充填材料的输送工艺复杂,且对物料级配的要求较高,因而一直未获得大规模推广使用。在 20 世纪 70 年代至 80 年代,上述充填材料几乎被细砂胶结充填材料完全取代。细砂胶结充填材料于 20 世纪 70 年代开始在凡口铅锌矿、招远金矿和焦家金矿等矿山获得应用。目前,以分级尾矿、天然砂和棒磨砂等材料作为集料的细砂胶结充填工艺与技术日臻成熟,并已在 20 多座矿山应用了细砂胶结充填材料。

全尾砂胶结充填技术为胶结充填技术开创了一个新的阶段。全尾砂胶结充填技术可分为膏体充填技术和高水充填技术两种。细粒胶结充填技术有输送容易、充填强度易于控制、灰料比相对较低、沉缩小等优点,但全尾砂胶结充填技术的突出问题是充填强度无法保证和井下脱水困难,膏体充填就是在这种背景下发展起来的。因为全尾砂胶结充填技术具有零排放和井下基本不脱水的特点,特别是随着搅拌活化技术在强度问题上的解决,全尾砂高质量分数胶结充填技术得到迅速发展。但膏体充填技术存在投资大、压滤脱水、搅拌造浆与输送困难等缺点,在其同时或稍后的 20 世纪 80 年代末期我国发展了高水固结充填技术。其核心是高水速凝固化材料(高水材料)的成功开发和应用,高水材料由甲、乙两种料组成,现场混合搅拌制浆,料浆质量分数可在

30%～70%之间变化,充入采场后不用脱水便可速凝为固态充填体。但高水充填技术也存在充填输送工艺复杂、容易堵管、充填体不稳定的缺点。

针对高水速凝固化材料的不足,20世纪末国内开发出了一种"全水胶固材料",可以实现全水全尾砂单管输送。它以矿山选厂全尾砂作为骨料,按一定的灰砂比搅拌制成悬浮料浆,单管路输送至井下采空区,料浆输送过程中不凝固,进入采空区静置40 min后不脱水便可实现胶固。它具有充填体无离析、分层现象,整体性好,早期强度高,充填成本低等优点。

1.4.2　胶结充填技术发展趋势

矿山胶结充填技术是当代充填开采的先进技术,是实现覆岩地表"零沉陷"、对环境"零破坏"的最佳途径,尤其在煤炭紧缺和村镇、河流、道路分布密集的地区,是目前解决"三下"采煤的最有效方法之一。

1.4.2.1　胶结充填技术在技术层面的发展趋势

(1) 结合地域原料特点研发低成本、高性能的新型充填材料

在以往的充填材料中,"低成本"和"高性能"是矛盾的,充填材料的胶结剂一般为水泥、石灰、石膏等传统的水硬性材料,降低成本的方法是加入工矿废料或建筑垃圾等集料或骨料,但这势必会降低充填材料的性能。在这方面,一般原材料部分有铝酸盐水泥或熟料的充填材料具有较高的材料性能,但原材料中的铝酸盐水泥产地很少,如在离产地较近的地区应用具有一定的成本优势,在无生产原料的地域应用势必会增加材料成本。因此,未来充填材料的发展趋势必须结合地域原料特点研发低成本、高性能的新型充填材料。

(2) 研制高效的充填设备

矿山充填系统的机械化、自动化程度的高低,直接影响矿山的发展,但是由于国产的相关设备技术性能稳定性差,遏制了矿山充填技术的发展。必须加强研制高效设备为充填浆液的制备、输送提供有效保证,研究减少或消除充填设备磨损和腐蚀的方法。对于充填系统浆料浓度和流量的自动控制技术,最为关键的是要研制和引进适合于矿山充填技术应用的自动化设备和仪表,建立真正意义上的自动控制系统。

(3) 创造新型采充工艺

胶结充填技术不仅是为充填而充填,最终是为了采煤,因此采充工艺直接影响采煤产量和充填效率。因此,胶结充填开采要结合矿山特点、矿床开采技术条件,发明或创造一些与其他采矿技术相结合的新型采矿方法。

1.4.2.2 胶结充填技术在效果方面的发展趋势

（1）能够消除多种煤矿安全隐患，改善安全生产环境

充填后能够消除因采空区引起的大范围应力集中和围岩破坏、移动显现，瓦斯、二氧化碳、矿井水等有害流体失去积聚场所，从而排除冲击地压、煤与瓦斯突出、高承压水患等安全隐患。

（2）可回收各类永久保护煤柱，提高资源利用率

胶结充填能够安全回采"三下"压煤及各类煤柱形成的呆滞煤量，提高可采储量和煤炭采出率，延长矿井服务年限，为我国中、东部矿区可持续发展提供技术支撑。

目前胶结充填技术的劳动效率普遍较低，劳动强度较大，有的不能适应机械化采煤的生产要求，严重影响生产效率。因此，高效率采充设备和自动控制系统，能够实现采充作业的机械化、自动化和连续作业，以降低成本，提高充填体质量和劳动效率，减轻劳动强度，是胶结充填技术发展的一大趋势。

（3）能为生态矿山建设、发展采矿循环经济提供核心技术保障

目前的胶结充填技术大部分能够做到"减沉"，还不能达到对生态完全或基本无破坏的开采。胶结充填技术能够实现开采煤层围岩不破坏，上覆岩层无明显扰动，地表无沉陷，不破坏地下水，无生态危害；并通过开发新型廉价的充填材料及输送和充填方式，为矸石不升井，以及为工矿、城市产生的固体废料资源化应用提供可靠途径，从而保护矿区生态，发展循环经济。

2 富水速凝胶结材料组成

2.1 粉煤灰

2.1.1 粉煤灰的分类

粉煤灰根据 CaO 含量,分为 F 级(低钙粉煤灰)与 C 级(高钙粉煤灰)两种,具体参数对比如表 2-1 所列。

粉煤灰又按品质有分级,各国规范所规定的指标类型与指标值范围有所不同,我国粉煤灰品质指标主要有细度、烧失量等,具体如表 2-2 所列。

表 2-1　粉煤灰的类型

燃煤类型	粉煤灰类型	CaO 含量/%	$SiO_2+Al_2O_3+Fe_2O_3$ 含量/%
无烟煤,烟煤	低钙粉煤灰(F 级)	<10	≥70
次烟煤,褐煤	高钙粉煤灰(C 级)	>10	≤50

表 2-2　粉煤灰品质指标分级

粉煤灰等级	细度(45 μm 方孔筛)/%	烧失量/%	需水量比/%	SO_3 含量/%
Ⅰ	≤12	≤5	≤95	≤3
Ⅱ	≤20	≤8	≤105	≤3
Ⅲ	≤45	≤15	≤115	≤3

2.1.2 粉煤灰的矿物组成

粉煤灰的主要矿物来源于煤中的无机物,其主要矿物包括硅酸盐、氧化物、碳酸盐、亚硫酸盐、硫酸盐和磷酸盐。Couch 对煤低温燃烧后的灰状物质 X 射线衍射图谱进行分析得到煤中的主要矿物成分,如表 2-3 所列。

表 2-3　粉煤灰中主要矿物成分

矿物	成分	分子式	矿物	成分	分子式
黏土矿物	高岭石	$2Al_2O_3 \cdot 4SiO_2 \cdot 4H_2O$	硫酸盐矿物	针绿矾	$Fe_2(SO_4)_3 \cdot 9H_2O$
	伊利石	$KAl_2[(Si_3Al)_4O_{10}] \cdot nH_2O$		水铁矾	$FeSO_4 \cdot H_2O$
	绿泥石	$(MgFeAl)_5(SiAl)_4O_{10}(OH)_8$		石膏	$CaSO_4 \cdot 2H_2O$
	石英	SiO_2		黄钾铁矾	$KFe_3(SO_4)_2(OH)_6$
碳酸盐矿物	方解石	$CaCO_3$	其他主要化合物	金红石	TiO_2
	白云石	$CaMgCO_3$		石榴子石	$3CaO \cdot Al_2O_3 \cdot SiO_2$
	铁白云石	$Ca(Fe,Mg,Mn)(CO_3)_2$		绿帘石	$4CaO \cdot 3Al_2O_3 \cdot 6SiO_2 \cdot H_2O$
	天蓝石	$FeCO_3$		铁斜绿泥石	$2FeO \cdot 2MgO \cdot Al_2O_3 \cdot 2SiO_2 \cdot 2H_2O$
二硫化物	黄铁矿	FeS_2（立方）		硬水铝石	$Al_2O_3 \cdot H_2O$
	白铁矿	FeS_2（斜方）		磁铁矿	Fe_3O_4

煤中矿物在燃烧过程的转化过程如下：

$$\overset{\text{高岭土}}{Al_2O_3 \cdot 2SiO_2 \cdot 2H_2O} \xrightarrow{400\sim500\ ℃} Al_2O_3 \cdot 2SiO_2 + 2H_2O\uparrow$$

$$\overset{\text{偏高岭土}}{3(Al_2O_3 \cdot 2SiO_2)} \xrightarrow{950\sim1\,200\ ℃} \overset{\text{莫来石}}{3Al_2O_3 \cdot 2SiO_2} + \overset{\text{无定形石英}}{4SiO_2}$$

$$\overset{\text{无定形石英}}{3Al_2O_3 + 2SiO_2} \xrightarrow{1\,200\sim1\,500\ ℃} \overset{\text{二次莫来石}}{3Al_2O_3 \cdot 2SiO_2}$$

偏高岭石在高温条件下分解、晶化、莫来石化：

$$Al_2O_3 \cdot 2SiO_2 \longrightarrow \gamma\text{-}Al_2O_3（结晶型） + 2SiO_2（无定形）$$

$$3\gamma\text{-}Al_2O_3 + 6SiO_2（无定形）\xrightarrow{1\,100\sim1\,200\ ℃} 3Al_2O_3 \cdot 2SiO_2 + 4SiO_2$$

碳酸盐大约在 800 ℃ 时开始分解放出 CO_2，生成石灰（CaO），其含碳酸盐成分的矿物也分解放出 CO_2 和相应的氧化物，但分解温度略有不同。

黄铁矿（FeS_2）在 300 ℃ 开始分解，在 500 ℃ 时氧化生成赤铁矿（Fe_2O_3）和磁铁矿（Fe_3O_4）。

刘冀伯等对我国一些地区的粉煤灰物相进行了分析，其分析结果显示不同地区的粉煤灰中的矿物差异较大。因此，粉煤灰化学成分仅是粉煤灰品质的一种参考，而矿物相成分、含量对粉煤灰的品质影响最大。我国粉煤灰的矿物组成范围如表 2-4 所列。

表 2-4　我国粉煤灰的矿物组成范围

矿物名称	平均值/%	含量范围/%
低温型石英	6.4	1.1～15.9
莫来石	20.4	11.3～39.2
高铁玻璃球	5.2	0～21.1
低铁玻璃球	59.8	42.2～70.1
含碳量	8.2	1.0～23.5
玻璃态 SiO_2	38.5	26.3～45.7
玻璃态 Al_2O_3	12.4	4.8～21.5

2.1.3　粉煤灰的活性来源

粉煤灰的活性分为物理活性和化学活性两种。

粉煤灰的物理活性可产生三种积极的效应:减水效应、集料效应和密实效应。减水效应可以降低粉煤灰体系的需水量,其原因是在相同水灰比的情况下粉煤灰中球形玻璃微珠的"滚珠"作用提高了流动性。粉煤灰颗粒充当微小集料,有助于集料匹配更加合理,掺粉煤灰的系统分散性更加均匀,即集料效应。微集料效应和火山灰效应的共同作用表现为密实效应,火山灰效应使粉煤灰形成类似托勃莫来石次生晶相,填补水膜层和水泥骨架空隙,提高密实度。一般认为,在没有外界特殊方法激活的情况下,粉煤灰的物理活性是粉煤灰体系早期活性和强度的主要来源。

煤灰熔融后被迅速冷却而形成的玻璃态颗粒中的可溶性活性 SiO_2、Al_2O_3 等组分是粉煤灰活性的主要来源。活性 SiO_2、Al_2O_3 在有水存在时,可以与 $Ca(OH)_2$ 反应,生成水化硅酸钙(C—S—H)和水化硅酸铝(A—S—H):

$$mCa(OH)_2 + SiO_2 + nH_2O \longrightarrow mCaO \cdot SiO_2 \cdot nH_2O$$
$$mCa(OH)_2 + Al_2O_3 + nH_2O \longrightarrow mCaO \cdot Al_2O_3 \cdot nH_2O$$

2.1.4　粉煤灰的活化方法

一般激发粉煤灰活性的方法有以下几种:

(1)物理方法

物理方法主要是对粉煤灰进行磨细加工,这样做一方面可以粉碎粗大多孔的玻璃体,改善集料级配;另一方面破坏玻璃体表面坚固的保护膜,使内部

可溶性 SiO_2、Al_2O_3 容易溶出,增大了比表面积,增加了反应接触面。但机械粉磨这种物理方法只适用于粗灰。

（2）化学方法

① 酸激发

酸激发粉煤灰活性是指用强酸与粉煤灰混合放置一段时间,通过强酸对粉煤灰颗粒表面的腐蚀作用,形成新的表面和活性点。

② 碱激发

粉煤灰活性的碱激发主要是 OH^- 促使 Si—O、Al—O 键的断裂,使 Si—O—Al 网络聚合体的聚合度降低,表面形成游离的不饱和活性键,容易与 $Ca(OH)_2$ 反应生成水化硅酸钙和水化硅酸铝等胶凝性产物,提高粉煤灰的早期水化反应速率。

③ 盐类激发

氯盐如 $CaCl_2$ 能不同程度地提高制品的强度,其中 $CaCl_2$ 对粉煤灰活性的激发作用主要通过形成水化氯铝酸盐,提高体系 Ca^{2+} 浓度和降低水化产物的 ξ 电位来实现。硫酸盐激发主要是指 SO_4^{2-} 在 Ca^{2+} 的作用下,与溶解于液相的活性 Al_2O_3 反应生成稳定的钙矾石。

④ 复合激活

复合激活是指将各种物理和化学的激活方法结合在一起取长补短,同时提高粉煤灰在混凝土中的形态效应、微集料效应和化学效应。一般来说,复合激活对粉煤灰的活化效果要优于单独激发。于水军等采用复合活化技术制备的粉煤灰水泥 28 d 抗压强度显著提高,这说明"物理-化学"复合活化具有协同效应,经复合活化得到的粉煤灰水泥可提高一个标号。

2.2　硫铝酸盐水泥

2.2.1　硫铝酸盐水泥的种类

硫铝酸盐水泥是以铝矾土和石灰石为主要原料,混合磨细后,经熔融（电炉）或煅烧（回转窑）成熟料,磨成细粉而制成的一种水硬性胶凝材料。硫铝酸盐水泥的水化首先取决于铝酸盐的水化,铝酸盐与水反应很快,其 1 d 就可达强度的 80%,3 d 达到 100%,从而使硫铝酸盐水泥具有快硬早强的突出优点。硫铝酸盐水泥包括普通硫铝酸盐水泥和高铁硫铝酸盐水泥（又称铁铝酸盐水泥）。

普通硫铝酸盐水泥根据石膏掺入量和混合材的不同,可分为 5 个品种:

① 快硬硫铝酸盐水泥,代号为 R·SAC。根据 3 d 抗压强度,这类水泥分为 425、525、625、725,共 4 个标号。

② 膨胀硫铝酸盐水泥,代号为 E·SAC。根据 28 d 膨胀量,这类水泥分为微膨胀硫铝酸盐水泥和膨胀硫铝酸盐水泥,这两种水泥均只有 525 这一个标号。

③ 自应力硫铝酸盐水泥,代号为 S·SCA。根据 28 d 自应力值,这类水泥分为 30、40、50,共 3 个等级。

④ 高强硫铝酸盐水泥,代号为 H·SAC。根据 28 d 抗压强度,这类水泥分为 725、825、925,共 3 个标号。

⑤ 低碱度硫铝酸盐水泥,根据 7 d 抗压强度,这类水泥分为 425、525,共 2 个标号。

高铁硫铝酸盐水泥根据石膏掺入量不同,可分为 4 个品种:

① 硬铁铝酸盐水泥,代号为 R·FAC。根据 3 d 抗压强度,这类水泥分为 425、525、625、725,共 4 个标号。

② 膨胀铁铝酸盐水泥,代号为 E·FAC。根据 28 d 膨胀量,这类水泥分为微膨胀铁铝酸盐水泥和膨胀铁铝酸盐水泥,这两种水泥均只有 525 这一个标号。

③ 自应力铁铝酸盐水泥,代号为 S·FAC。根据 28 d 自应力值,这类水泥分为 30、40、50,共 3 个等级。

④ 高强铁铝酸盐水泥,代号为 H·FAC。根据 28 d 抗压强度,这类水泥分为 725、825、925,共 3 个标号。

根据原理分析,以上所有类型的硫铝酸盐水泥都可作为富水速凝胶结充填材料的原料,但是从水泥的造价及产量上来考虑,一般选择快硬型硫铝酸盐水泥。

2.2.2 硫铝酸盐水泥的矿物组成

硫铝酸盐水泥与硅酸盐水泥和铝酸盐水泥最根本的区别在于其熟料矿物主要是无水硫铝酸钙($3CaO·3Al_2O_3·CaSO_4$)、硅酸二钙($2CaO·SiO_2$)和铁相($2CaO·Fe_2O_3 \sim 6CaO·2Al_2O_3·Fe_2O_3$)。

(1) 无水硫铝酸钙

张丕兴等对无水硫铝酸钙进行了大量研究工作后认为:$3CaO·3Al_2O_3·CaSO_4$ 矿物为四方晶系;晶胞参数 $a_0 = b_0 = 1.303$ nm,$c_0 = 0.916$ nm,$\alpha = \beta =$

$90°$；光学指数 $n_g = 1.570 \pm 0.002$，$n_p = 1.567 \pm 0.002$，斜消光，负延性，一轴晶，正光性；密度为 2.61 g/cm^3；X 射线衍射谱主要 d 值为 0.376 nm、0.265 nm、0.217 nm。

$3CaO \cdot 3Al_2O_3 \cdot CaSO_4$ 晶体结构是以节点相连的铝氧四面体构成的多孔骨架，在这个骨架里 4 个 Al—O 四面体构成四方环状，在平行 C 轴方向形成竖井孔，在其 $1/4c_0$ 和 $3/4c_0$ 处分别吊着孤岛式 S—O 四面体，在四方环状竖井之间的每个方角处又有 1 对 Al—O 四面体相连，从而构成 6 个 Al—O 四面体连成的方矩形。Ca^{2+} 存在于 c 轴方向形成的长方形竖井孔里，并以离子键分别与 Al—O 四面体和 S—O 四面体相连接。$3CaO \cdot 3Al_2O_3 \cdot CaSO_4$ 晶体结构示意图如图 2-1 所示。$3CaO \cdot 3Al_2O_3 \cdot CaSO_4$ 矿物之所以具有较高活性与这种多孔结构有密切关系。

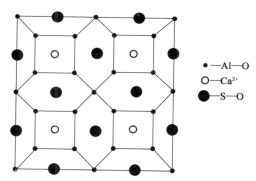

图 2-1　$3CaO \cdot 3Al_2O_3 \cdot CaSO_4$ 晶体结构

在工厂生产的熟料中，$3CaO \cdot 3Al_2O_3 \cdot CaSO_4$ 矿物外形呈六角形板状或四边形柱状，晶体尺寸比较小，一般为 $5 \sim 10~\mu m$。不同窑型烧成的 $3CaO \cdot 3Al_2O_3 \cdot CaSO_4$ 的外形规则程度有差别，中空回转窑熟料中的 $3CaO \cdot 3Al_2O_3 \cdot CaSO_4$ 外形较规则；预分解窑熟料中的 $3CaO \cdot 3Al_2O_3 \cdot CaSO_4$ 外形较不规则，晶形较细。

对不同窑型烧成的 $3CaO \cdot 3Al_2O_3 \cdot CaSO_4$ 进行电子显微镜能谱分析，以 100 点以上的数据进行电子计算机统计，其结果如表2-5所列。从这些统计数据可以看到，煅烧熟料的窑型与 $3CaO \cdot 3Al_2O_3 \cdot CaSO_4$ 矿物化学成分之间没有明显的规律性关系，但其中 SO_3 的质量分数以立筒预热器窑和预分解窑偏高。

表 2-5　不同工厂熟料中的 $3CaO \cdot 3Al_2O_3 \cdot CaSO_4$ 矿物的化学成分

成分	TJ/%	LST/%	LZ/%	MM/%	平均值/%	理论值/%
CaO	40.22	38.31	37.47	35.47	37.83	36.76
Al_2O_3	38.56	43.33	38.70	42.47	40.83	50.12
SO_3	14.90	11.91	17.45	16.26	15.13	13.12
SiO_2	3.12	2.80	3.19	2.98	3.02	0
Fe_2O_3	1.60	1.28	1.39	0.60	1.22	0
TiO_2	0.61	1.15	0.64	0.54	0.74	0
MgO	0.53	0.68	0.62	0.79	0.66	0
K_2O	0.51	0.61	0.75	0.69	0.64	0
合计	100.05	100.07	100.21	99.80	100.07	100.00

注:TJ——天津市蓟州区某特种水泥厂,中空窑;LST——湖南省永州市冷水滩区某特种水泥厂,中空窑;LZ——河北省滦州某特种水泥厂,立筒预热器窑;MM——广东省茂名市某特种水泥厂,预分解窑;平均值——4个厂的平均值;理论值——根据 $3CaO \cdot 3Al_2O_3 \cdot CaSO_4$ 分子式计算所得数值。

从表 2-5 可以看到,天津市蓟州区某特种水泥厂和河北省滦州某特种水泥厂所产熟料中的 $3CaO \cdot 3Al_2O_3 \cdot CaSO_4$ 矿物的 Al_2O_3 的质量分数较其他两厂低,说明 Al^{3+} 被其他离子如 Si^{4+}、Fe^{3+} 等取代量较多,因为这两个厂都采用低品位矾土作为原料。

工业生产熟料中的 $3CaO \cdot 3Al_2O_3 \cdot CaSO_4$ 不是有固定成分的化合物,而是一种被多种杂质取代的固溶体。$3CaO \cdot 3Al_2O_3 \cdot CaSO_4$ 化学成分与形成条件和所采用的原料密切相关,实际生产的与实验室采用化学试剂合成的有较大差别。实际生产所得的 $3CaO \cdot 3Al_2O_3 \cdot CaSO_4$ 固溶其他氧化物后会使本身晶体的光学特征和其他物理特征产生相应的变化。

(2) 硅酸二钙

公认硅酸二钙有 4 种晶型,即 $\alpha\text{-}2CaO \cdot SiO_2$、$\alpha'\text{-}2CaO \cdot SiO_2$、$\beta\text{-}2CaO \cdot SiO_2$ 和 $\gamma\text{-}2CaO \cdot SiO_2$。

$\alpha\text{-}2CaO \cdot SiO_2$ 属高温型,稳定温度在 1 470 ℃ 以上,冷却时转变为 α' 型。$\alpha\text{-}2CaO \cdot SiO_2$ 掺入固溶稳定剂后可在常温下存在。在常温下,$\alpha\text{-}2CaO \cdot SiO_2$ 是基面呈六方状外形的无色颗粒,密度为 3.07 g/cm^3,光学性能因稳定剂不同而异。

$\alpha'\text{-}2CaO \cdot SiO_2$ 属介稳型,斜方晶系。加热 $\gamma\text{-}2CaO \cdot SiO_2$ 时形成的 $\alpha'\text{-}2CaO \cdot SiO_2$ 的稳定温度在 830~1 470 ℃。在常温下,$\alpha'\text{-}2CaO \cdot SiO_2$ 为形

状不规则的双晶环颗粒,其光学性能也是不固定的,随固溶物的不同而有所变化。

β-2CaO·SiO$_2$ 属介稳型,单斜晶系,由 α'-2CaO·SiO$_2$ 冷却到 670 ℃时转变而成。在常温条件下,β-2CaO·SiO$_2$ 是圆形颗粒状或呈不规则聚合双晶的晶体。纯 β-2CaO·SiO$_2$ 在 520 ℃左右时不可逆地转变为 γ-2CaO·SiO$_2$。

γ-2CaO·SiO$_2$ 属低温型,斜方晶系,稳定范围在 520～830 ℃,升温超出该范围时便转变成 α' 型。γ-2CaO·SiO$_2$ 是无色棱柱体,具有平行解理,光学指数 $n_g = 1.654$,$n_p = 1.640$,双轴晶,负光性,光轴角 60°。

工业生产的硫铝酸盐水泥熟料中,硅酸二钙主要以 α' 和 β 两种形态存在。2CaO·Al$_2$O$_3$·SiO$_2$ 与 CaSO$_4$、CaO 发生反应后生成 β-2CaO·SiO$_2$。过渡相 4CaO·2SiO$_2$·CaSO$_4$,分解时主要生成 α' 型。CaO 与 SiO$_2$ 直接反应形成的是 β-2CaO·SiO$_2$。在扫描电子显微镜下观察,α'-2CaO·SiO$_2$ 外形呈不规则圆形,细小而破碎,尺寸一般在 5～10 μm,个别为 10 μm 以上。

(3) 铁相(2CaO·Fe$_2$O$_3$～6CaO·2Al$_2$O$_3$·Fe$_2$O$_3$)

长期以来,人们认为水泥熟料中存在的铁相是具有固定组成的 4CaO·Al$_2$O$_3$·Fe$_2$O$_3$,属斜方晶系,棱柱状,密度为 3.77 g/cm^3。后来,由于检测技术的进步,许多研究者都公认铁相是一个组成在 2CaO·Fe$_2$O$_3$～6CaO·2Al$_2$O$_3$·Fe$_2$O$_3$ 范围内的固溶系列。

(4) 少量矿物

在硫铝酸盐水泥熟料中除上述 3 种主要矿物外,一般尚存在少量游离石膏(游离 CaSO$_4$)、方镁石(MgO)和钙钛矿(CaO·TiO$_2$)等,煅烧不太正常或配料不当时,还有少量钙黄长石(2CaO·Al$_2$O$_3$·SiO$_2$)、硫硅酸钙(4CaO·2SiO$_2$·CaSO$_4$)、游离石灰(游离 CaO)和铝酸钙(12CaO·7Al$_2$O$_3$·CaO·Al$_2$O$_3$)等。

2.3 石灰

石灰,又称生石灰,主要成分是氧化钙,化学式是 CaO,相对分子质量为 56.08;白色块状或粒状,立方晶体,工业品中常因含有氧化镁、氧化铝和三氧化二铁等杂质而呈暗灰色、淡黄色或褐色;相对密度为 3.25～3.38,真密度 3.34 g/cm^3,密度为 1.6～2.8 g/cm^3,熔点为 2 614 ℃,沸点为 2 850 ℃;溶于酸;在空气中放置可吸收空气中的水分和二氧化碳,生成氢氧化钙和碳酸钙,与水作用(称消化)生成氢氧化钙,同时放出热量(生成物呈强碱性)。石灰是人类使用较早的无机胶凝材料之一,由于其原料分布广、生产工艺简单及成本低等,应用较广。

2.3.1 石灰的种类

石灰是在高温下煅烧石灰石或其他碳酸盐原料所得到的产物。石灰的主要成分是氧化钙(CaO),此外尚含有氧化镁(MgO)以及硅酸钙($2CaO \cdot SiO_2$)、铝酸钙($12CaO \cdot 7Al_2O_3$)和铁铝酸钙($4CaO \cdot Al_2O_3 \cdot Fe_2O_3$)等化合物。

按石灰中硅酸钙、铝酸钙和铁铝酸钙等成分的多少,石灰分为气硬性石灰和水硬性石灰。在气硬性石灰中,这些化合物的质量分数通常为4%~12%,个别达20%;当这些化合物的质量分数为25%~40%时,则石灰呈弱水硬性,这种石灰称为弱水硬性石灰。

我国目前只生产气硬性石灰,不生产水硬性石灰。建材、化工及冶金等行业所使用的石灰,几乎全部为气硬性石灰。

气硬性石灰分为生石灰和消石灰粉两个品种,钙质和镁质两个类别。氧化镁质量分数≤5%的为钙质生石灰,氧化镁质量分数>5%的为镁质生石灰。对于消石灰粉,氧化镁质量分数≤4%的为钙质,氧化镁质量分数>4%的为镁质。

氧化镁含量在20%~40%的石灰,一般称为白云石质石灰,亦称高镁石灰。

石灰还可按加工方法和消化速度分类。按加工方法不同,石灰可分为块状生石灰、细磨生石灰、细磨消石灰、石灰膏和石灰乳等。按消化速度不同,石灰可分为快速消化石灰(≤10 min)、小速消化石灰(10~30 min)和慢速消化石灰(>30 min)。

富水速凝胶结充填材料中的石灰为气硬性块状生石灰或不含水分的消石灰,消石灰不易加工且易造成粉尘污染,一般用块状钙质生石灰,氧化钙质量分数为75%以上,而氧化镁质量分数越小效果越好,一般不超过4%。

2.3.2 原料及生产

凡是以碳酸钙为主要成分的天然岩石,如石灰岩、白垩、白云质石灰岩等,都可用来生产石灰。

将主要成分为碳酸钙的天然岩石,在适当温度下煅烧,分解出二氧化碳后,所得的以氧化钙(CaO)为主要成分的产品即为石灰,又称生石灰。在实际生产中,为加快分解,煅烧温度常提高到 1 000～1 100 ℃。由于石灰石原料的尺寸大或煅烧时窑中温度分布不匀等原因,石灰中常含有欠火石灰和过火石灰。欠火石灰中的碳酸钙未完全分解,使用时缺乏黏结力。过火石灰结构密实,表面常包覆一层熔融物,熟化很慢。由于生产原料中常含有碳酸镁($MgCO_3$),因此生石灰中还含有次要成分氧化镁(MgO),根据氧化镁质量分数的多少,生石灰分为钙质石灰(MgO 含量≤5%)和镁质石灰(MgO 含量＞5%)。

生石灰呈白色或灰色块状,为便于使用,块状生石灰常需加工成生石灰粉、消石灰粉或石灰膏。生石灰粉是由块状生石灰磨细而得到的细粉,其主要成分是 CaO;消石灰粉是块状生石灰用适量水熟化而得到的粉末,又称熟石灰,其主要成分是 $Ca(OH)_2$;石灰膏是块状生石灰用较多的水(为生石灰体积的 3～4 倍)熟化而得到的膏状物,也称石灰浆,其主要成分也是 $Ca(OH)_2$。

2.3.3　消化及硬化

生石灰(CaO)与水反应生成氢氧化钙的过程,称为石灰的熟化或消化。反应生成的产物氢氧化钙称为熟石灰或消石灰。

石灰熟化时放出大量的热,体积增大 1～2 倍。煅烧良好、氧化钙含量高的石灰熟化较快,放热量和体积增大也较多。工地上熟化石灰常用两种方法:消石灰浆法和消石灰粉法。

根据加水量的不同,石灰可熟化成消石灰粉或石灰膏。石灰熟化的理论需水量为石灰质量的 32%。在生石灰中,均匀加入 60%～80%的水,可得到颗粒细小、分散均匀的消石灰粉。若用过量的水熟化,将得到具有一定稠度的石灰膏。石灰中一般都含有过火石灰,过火石灰熟化慢,若在石灰浆体硬化后再发生熟化,会因熟化产生的膨胀而引起隆起和开裂。为了消除过火石灰的这种危害,石灰在熟化后,还应"陈伏"2 周左右。

石灰浆体的硬化包括干燥结晶和碳化两个同时进行的过程。石灰浆体因水分蒸发或被吸收而干燥,在浆体内的孔隙网中,产生毛细管压力,使石灰颗粒更加紧密而获得强度。这种强度类似于黏土失水而获得的强度,数值不大,遇水强度会丧失。同时,干燥失水会引起浆体中氢氧化钙溶液过饱和,结晶出氢氧化钙晶体,产生强度,但析出的晶体数量少,强度增长也不大。在大气环境中,氢氧化钙在潮湿状态下会与空气中的二氧化碳反应生成碳酸钙,并释放出水分,即发生碳化。

碳化所生成的碳酸钙晶体相互交叉连生或与氢氧化钙共生,形成紧密交织的结晶网,使硬化石灰浆体的强度进一步提高。但是,由于空气中的二氧化碳含量很低,表面形成的碳酸钙层结构较致密,会阻碍二氧化碳的进一步渗入,因此,碳化过程十分缓慢。

2.4 石膏

2.4.1 石膏的种类

石膏是单斜晶系矿物,主要化学成分是硫酸钙($CaSO_4$),按形成可分为天然石膏和化学石膏,天然石膏又可分为二水石膏(生石膏)和硬石膏(无水石膏)。纯净的二水石膏是透明的或无色的,有纤维状、针状、片状等晶体形态。天然二水石膏矿往往含有较多杂质,从产状看,有透明石膏、纤维石膏、雪花石膏、片状石膏、泥质石膏或土石膏。石膏中二水石膏所占的含量,常称为品位,以此来对石膏进行分级。一级石膏含二水石膏95%以上,二级石膏含二水石膏85%以上,三级石膏含二水石膏75%以上。生产建筑石膏板材大都要用三级以上的石膏。化学石膏,一般指的是各种工业生产中的副产品,是工业废渣,其中含有一定数量的二水石膏,还含有较多杂质,称呼这些石膏时习惯在其前面加上原主要产品类型或石膏来源类型的名称,如磷石膏、氟石膏、排烟脱硫石膏、芒硝石膏等。

石膏按结晶水分不同可以分为二水石膏、半水石膏(烧石膏)和无水石膏。其中二水石膏可以是天然二水石膏,也可以是某些化学二水石膏;半水石膏是人为加工的建筑石膏;无水石膏一般指天然硬石膏或人为加工成的无水石膏。

富水速凝胶结充填材料可用的石膏为天然二水石膏、化学二水石膏、硬石膏。从效果看硬石膏缓凝作用较二水石膏差。二水石膏高产地为山西、山东、河北一带,品位较低的每吨约300元,运到东北等偏远矿区,单价增加600元左右。化学二水石膏价格便宜,如脱硫石膏加上运费每吨为100~300元。从以上所述考虑,富水速凝胶结充填材料中所用石膏一般选择化学二水石膏。

2.4.2 石膏的性质

(1) 二水石膏

二水石膏($CaSO_4 \cdot 2H_2O$)是化学结构中有2个结晶水的硫酸钙晶体,通常为白色、无色,无色透明晶体称为透石膏,有时因含杂质呈灰、浅黄、浅褐等颜色。

二水石膏经过不同条件的加热处理后其结构水容易脱除,成为各种晶体的半水石膏或无水石膏。当温度在 65 ℃时加热,二水石膏就开始释出结构水,但脱水速度比较慢;在 107 ℃左右、水蒸气压力达 971 mmHg(1 mmHg＝133.322 Pa)时,脱水速度迅速变快。随着温度继续升高,脱水速度加快,在170～190 ℃时,二水石膏以很快的速度脱水变为 α 半水石膏或 β 半水石膏;当温度继续升高到 220 ℃或 320～360 ℃时,半水石膏则继续脱水变为 α 可溶性无水石膏,但 220 ℃条件下生成的无水石膏比较容易在空气中吸水变成半水石膏;在 450～750 ℃变成的无水石膏则为不溶性无水石膏,这种无水石膏即我们通常说的"死烧"石膏,它很难溶于水,几乎不凝结,而且不具有强度;在800 ℃时,无水石膏开始分解为 CaO 和 SO_2 加 O_2 等,这时的凝结能力主要是靠 CaO 的凝结作用而不是石膏了,这种分解在 1 050 ℃以后更为激烈,到1 350 ℃才结束。

(2)硬石膏

硬石膏是一种硫酸盐矿物,它的成分为无水硫酸钙,与石膏的不同之处在于它不含结晶水。在潮湿的环境下,硬石膏就会吸收水分变成石膏。硬石膏是重要的造岩矿物,就是说很多岩石中都有它的成分。硬石膏的晶体是柱状或板状,晶体聚集在一起呈块状或纤维状。硬石膏上有一条条互相垂直的裂纹,叫作解理。并不是所有的矿物都具有明显的解理,也并不是所有的矿物都具有垂直的解理。解理的形成与晶体的结构有关,不同的晶体结构会产生不同的解理。硬石膏主要是化学沉积作用的产物,它们主要形成在盐湖中。硬石膏可以制造化肥、水泥和石膏。

硬石膏是天然产出的硫酸盐矿物,广泛分布于蒸发作用所形成的盐湖沉积物中。由于温度和含盐度不同,这种矿物既可形成硬石膏,也可形成石膏,或二者共生。此外,硬石膏也可由石膏或半水石膏或硬石膏(Ⅲ)加热至400 ℃以上形成。

纯净的硬石膏,呈透明、无色或白色,因含杂质而呈灰色,有时又因含有不同矿物而微带红色或蓝色。其主要化学成分是 $CaSO_4$,化学组成的理论质量为 CaO 1.19％、SO_3 58.81％;属正交晶系,晶胞参数为 $a＝0.697$ nm,$b＝0.698$ nm,$c＝0.623$ nm;三组解理面互相垂直,可分裂成盒状小块,此特点可作为鉴定特征。硬石膏的单晶体呈等轴状或厚板状,集合体常呈块状或粒状,有时为纤维状。硬石膏结晶良好,比石膏致密而坚硬,硬度为3.0～3.5,密度为 2.9～3.0 g/cm³。

（3）化学石膏

① 磷石膏

磷石膏是生产磷肥、磷酸时排放出的固体废弃物，每生产 1 t 磷酸产生 4.5～5 t 磷石膏。磷石膏分二水石膏（$CaSO_4 \cdot 2H_2O$）和半水石膏（$CaSO_4 \cdot 1/2H_2O$），以二水石膏居多。磷石膏除主成分硫酸钙外还含少量磷酸、硅、镁、铁、铝、有机杂质等。磷石膏是一种粉状材料，几乎没有可塑性。由于磷石膏中残存有磷酸、硫酸和氢氟酸，所以它被认为是一种酸性副产品（pH＜3）。磷石膏中含有 25％～30％的自由水，垂直渗透系数为 2×10^{-5}～1×10^{-3}。不同来源的磷石膏中自由水的含量差异较大，这取决于磷石膏的堆放方式和当地的气候条件。磷石膏的溶解度取决于其溶液的 pH 值，它在 4.1 g/L 的盐水中有很高的溶解度。颗粒磷石膏的密度为 2.27～2.40 g/cm^3，块状磷石膏的密度为 0.9～1.7 g/cm^3。从形态上看，磷石膏主要以颗粒形式存在，其颗粒半径为 0.045～0.250 mm，这取决于磷矿石的来源和磷酸的生产条件。磷石膏的主要成分是 CaO，硫酸（以 SO_3 表示），SiO_2，Al_2O_3，Fe_2O_3，P_2O_5 和 F。此外，在一些磷石膏中含有微量的 As，Ag，Ba，Cd，Cr，Pb，Hg 和 Se 等元素。磷石膏还含有 Ag，Au，Cd，Se，Sr 等一些地球上的稀有元素。磷石膏中还含有镭族元素，这是由于自然界中磷矿石中含有大量的镭族元素。由于磷矿石的来源不同，不同来源的磷石膏中放射性元素含量最高相差 60 倍。

② 氟石膏

氟石膏是以萤石和硫酸为原料生产氟酸过程中生产的一种石膏废渣，每生产 1 t 氢氟酸约有 3.6 t 无水氟石膏残渣。残渣中含有一定量的残余硫酸和氢氟酸，另外残渣排放量大，对环境污染严重。氟石膏的化学成分为 CaO（32％～38％），SO_3（39％～50％），SiO_2（0.4％～0.6％），Al_2O_3（0.01％～2.00％），Fe_2O_3（0.05％～0.25％），MgO（0.1％～0.8％），CaF_2（2.5％～6.5％）；灼烧损失（400 ℃）为 3％～19％。氟石膏是重要的工业原料和建筑材料，可代替天然石膏用作各种硅酸盐水泥的缓凝剂，可用作硫酸盐炉渣水泥和矿化剂、建筑砌块、地板和建筑抹面材料、炉渣砖添加剂、加强石膏纤维装饰板和建筑纸面石膏板、陶瓷石膏模具等。氟石膏具有颗粒细、不需破碎、使用方便、质量稳定的特点，其应用技术成熟，范围较为广泛。湖南东江等水泥厂以湘乡铝厂的氟石膏代替天然石膏做水泥缓凝剂，对水泥质量无不良影响，使湘乡铝厂每年近 10 万 t 氟石膏均得到了有效利用。氟石膏在储运过程中，遇水浸雨淋后易结板，硬化成大块，在运输中要注意防雨，进厂后须在库内储存。

③ 脱硫石膏

脱硫石膏又称排烟脱硫石膏、硫石膏或 FGD 石膏,主要成分和天然石膏一样,为二水硫酸钙($CaSO_4 \cdot 2H_2O$),质量分数≥93％。脱硫石膏是燃煤或燃油工业企业在治理烟气中的二氧化硫后得到的工业副产石膏,其加工利用的意义非常重大。它不仅可以促进国家环保循环经济的进一步发展,而且还大大降低了矿石膏的开采量,有利于资源保护。经加工后的脱硫石膏粉,颜色呈灰白色(部分微黄),其放射性远低于天然矿石膏,除具备优质天然石膏全部性能外,部分指标还高于天然矿石膏,无任何毒副作用,是典型的环境友好型材料。

沈阳化肥总厂同辽宁省建材所合作,根据脱硫石膏的组成成分(见表 2-6),将脱硫石膏用作矿化剂、缓凝增强剂来生产水泥并进行试验,经水泥物理性能对比(见表 2-7)测试,表明脱硫石膏可以代替天然石膏。

表 2-6　脱硫石膏组成成分

成分	SiO_2	Fe_2O_3	Al_2O_3	CaO	MgO	SO_3	结晶水	附着水	烧失量
含量/％	1.55	0.12	2.00	31.92	0.36	45.00	18.78	0.34	21.9

表 2-7　水泥物理性能对比

试验序号	缓凝增强剂	掺入量/％	初凝时间/min	终凝时间/min	抗压强度/MPa	抗折强度/MPa	SO_3 含量/％
1	天然石膏	4.0	117	269	26.5	4.8	1.93
	脱硫石膏	4.0	115	260	29.8	5.4	1.87
2	天然石膏	4.0	107	200	30.2	5.4	1.44
	脱硫石膏	4.0	101	185	30.5	5.4	2.26
3	天然石膏	4.0	101	189	31.8	5.8	2.81
	脱硫石膏	4.0	92	164	32.2	5.6	2.75
4	天然石膏	4.0	100	175	33.5	5.8	2.76
	脱硫石膏	4.0	91	160	34.1	6.0	2.89

2.5　外加剂

富水速凝胶结充填材料的外加剂主要包括活化剂、早强剂、缓凝剂和速凝剂。活化剂的作用主要是激发粉煤灰的潜在活性,提升富水速凝胶结充填材料的早期强度。早强剂能显著提高材料 3 d 内的单轴抗压强度,并且对后期强度无不良影响。缓凝剂和速凝剂是为了调节材料的水化时间,使材料既能满足泵送的流动性,又能及时凝结自立后拆模。

2.5.1 活化剂

用于激发粉煤灰活性的活化剂(也叫激发剂)是材料能否降低造价的关键。复合激发效果优于单一激发,本书中提到的富水速凝胶结充填材料中的活化剂 HHJ 系列均为复合激发剂。

(1)酸激发剂

富水速凝胶结充填材料可用的粉煤灰酸激发剂可分为无机酸激发剂和有机酸激发剂。

无机酸又称矿酸,是无机化合物中酸类的总称。无机酸一般来说就是能解离出氢离子的无机化合物。按照组成成分,无机酸可分成含氧酸、无氧酸、络合酸、混酸、超酸等;按照解离程度,无机酸则可以分为强酸和弱酸;还可按照分子中能电离出的氢离子个数分为一元酸、二元酸和多元酸。富水速凝胶结充填材料可用的无机酸激发剂主要是弱酸,包括氢氟酸、磷酸、草酸等。有机酸是指一些具有酸性的有机化合物。最常见的有机酸是羧酸,其酸性源于羧基(—COOH)。磺酸(—SO_3H)、亚磺酸(RSOOH)、硫羧酸(RCOSH)等也属于有机酸。有机酸可与醇反应生成酯。富水速凝胶结充填材料可用的有机酸激发剂为羧酸,如甲酸(HCOOH)、乙酸(CH_3—COOH)、乙二酸(HOOC—COOH)。

(2)碱激发剂

富水速凝胶结充填材料可用的粉煤灰碱激发剂主要是强碱或强碱弱酸盐,可以是氢氧化锂、氢氧化钙、氢氧化钾、碳酸钠、碳酸氢钠、速溶粉状硅酸钠中的一种或几种。

氢氧化锂(LiOH)是一种苛性碱,固体为白色晶体粉末或小颗粒,属于四方晶系晶体,密度为 1.46 g/cm^3,熔点为 471 ℃,沸点为 925 ℃,于沸点开始分解,在 1 626 ℃完全分解。氢氧化锂微溶于乙醇,可溶于甲醇,不溶于醚;因溶解放热和溶解后溶液密度变大的缘故,其在 15 ℃饱和水溶液浓度可达 5.3 mol/L。它的一水合物属单斜晶系晶体,溶解度为 22.3 g,密度为 1.51 g/cm^3。它呈强碱性,因而其饱和溶液可使酚酞改变结构,能使酚酞由无色转变为深红色。它在空气中极易吸收二氧化碳。氢氧化锂有强的腐蚀性及刺激性,应密封保存。

氢氧化钙[Ca(OH)$_2$]俗称熟石灰、消石灰,可由生石灰(即氧化钙)与水反应制得,反应时会放出大量的热。农业上常用氢氧化钙中和酸性土壤,也用它来配制农药波尔多液。日常生活中的三合土、石灰浆的主要成分都是熟石灰。另外,氢氧化钙的澄清水溶液常用于实验室检验二氧化碳。大理石中含有少量氢氧化钙,实验室中用碳酸钙和盐酸反应制得二氧化碳。

氢氧化钾(KOH)溶于水、乙醇,微溶于醚,溶于水时放出大量热,易溶于酒精和甘油,熔点为 360.4 ℃。其化学性质类似氢氧化钠(烧碱),水溶液呈无色、有强碱性,能破坏细胞组织。它用作化工生产的原料,也用于医药、染料、轻工等工业。

碳酸钠又名纯碱,常温下为白色粉末或颗粒,无气味,是强碱弱酸盐,有吸水性,可由氢氧化钠和碳酸发生化学反应结合而成。它溶于水和甘油,不溶于乙醇,其水溶液呈强碱性,pH 值为 11.6;相对密度(25 ℃)为 2.53,熔点为851 ℃,在 1 859 ℃分解。碳酸钠是一种强碱盐,溶于水后发生水解反应(水解产生碳酸氢钠和氢氧化钠),使溶液显碱性,有一定的腐蚀性,能与酸进行复分解反应($Na_2CO_3 + H_2SO_4 = Na_2SO_4 + H_2O + CO_2 \uparrow$),生成相应的盐并放出二氧化碳。碳酸钠稳定性较强,但高温下也可分解,生成氧化钠和二氧化碳;长期暴露在空气中能吸收空气中的水分及二氧化碳,生成碳酸氢钠,并结成硬块。它吸湿性很强,很容易结成硬块,在高温下也不分解。含有结晶水的碳酸钠有 3 种:$Na_2CO_3 \cdot H_2O$,$Na_2CO_3 \cdot 7H_2O$ 和 $Na_2CO_3 \cdot 10H_2O$。

碳酸氢钠,俗称"小苏打""苏打粉",为白色晶体,或不透明单斜晶系细微结晶,密度为 2.15 g/cm³,无臭、味咸,可溶于水,不溶于乙醇。其水溶液因水解而呈微碱性,常温中性质稳定,受热易分解,在 50 ℃以上迅速分解,在270 ℃时完全失去二氧化碳,在干燥空气中无变化,在潮湿空气中能够缓慢分解。碳酸氢钠是强碱与弱酸中和后生成的酸式盐,溶于水时呈弱碱性,常利用此特性作为食品制作过程中的膨松剂。碳酸氢钠在作用后会残留碳酸钠,使用过多会使成品有碱味。

速溶粉状硅酸钠又称速溶泡花碱、水合硅酸钠,分子式为 $Na_2O \cdot mSiO_2 \cdot nH_2O$,相对分子质量一般在 $280 \sim 350$。该产品外观洁白,呈粉末状,均匀性好,运输、储存和使用非常方便,特别适用于机械化、自动化操作,广泛应用于冶金、电力、石化及建材工业中,被用来作为不定形耐火材料中的黏结剂、工业清洗剂、防腐剂、耐酸水泥、精细陶瓷工业以及精密铸造业的快干剂和增强剂等。速溶粉状硅酸钠产品具有液体泡花碱所有性能。

(3)盐类激发剂

富水速凝胶结充填材料可用的粉煤灰盐类激发剂主要是硫酸盐、氯盐,分别是硫酸钠、硫酸钾、氯化钠和明矾。

硫酸钠（Na_2SO_4）属于无机化合物，十水合硫酸钠又名芒硝，单斜晶系，晶体短柱状，集合体呈致密块状或皮壳状等，无色透明，有时带浅黄色或绿色，易溶于水。其为白色、无臭、有苦味的结晶或粉末，有吸湿性；外形为无色、透明、大的结晶或颗粒性小结晶；性质稳定，不溶于强酸、铝、镁，吸湿，暴露于空气中易吸湿成为含水硫酸钠。241 ℃时转变成六方形结晶。高纯度、颗粒细的无水物称为元明粉，极易溶于水。

硫酸钾（K_2SO_4）为无色或白色结晶、颗粒或粉末，相对密度为 2.66，熔点为 1 069 ℃，无气味，味苦，质硬，在空气中稳定。1 g 硫酸钾溶于 8.3 mL 水、4 mL 沸水、75 mL 甘油，不溶于乙醇，水溶液呈中性，pH 值约为 7。氯化钾、硫酸铵可以增加硫酸钾在水中的溶解度，但几乎不溶于硫酸铵的饱和溶液。

氯化钠（NaCl）为无色立方结晶或白色结晶；熔点 801 ℃，沸点 1 413 ℃；易溶于水、甘油，微溶于乙醇、液氨，不溶于浓盐酸；在空气中微有潮解性；用于制造纯碱和烧碱及其他化工产品，还可用于矿石冶炼。氯化钠的晶体为立体对称，较大的氯离子排成立方最密堆积，较小的钠离子则填充氯离子之间的八面体空隙，每个离子周围都被 6 个其他的离子包围着。这种结构也存在于其他很多化合物中，称为氯化钠型结构或石盐结构。

十二水合硫酸铝钾，化学式 $KAl(SO_4)_2 \cdot 12H_2O$，又称明矾、白矾、钾矾、钾铝矾、钾明矾，是含有结晶水的硫酸钾和硫酸铝的复盐。其为无色立方晶体，外表常呈八面体，或与立方体、菱形十二面体形成聚形，有时附于容器壁上而形似六方板状，属于 α 型明矾类复盐，有玻璃光泽。其密度为 1.757 g/cm^3，熔点为 92.5 ℃，64.5 ℃时失去 9 个分子结晶水，200 ℃时失去 12 个分子结晶水；溶于水，不溶于乙醇。

（4）化学复合激活剂

化学复合激活剂即不是单一酸、碱、盐激发粉煤灰的活性，而是把酸和盐、碱和盐放在一起同时激发，或先酸后碱，先碱后盐，间断激发，其对粉煤灰的激发效果往往优于单一激发。如将氢氧化钾与十二水硫酸铝钾按一定比例混合后对粉煤灰的激发效果要优于氢氧化钾或十二水硫酸铝钾单独对粉煤灰的激发效果。

2.5.2　早强剂

本书提到的富水速凝胶结充填材料所用早强剂为氯化钙和三乙醇胺按一定比例配制而成。

（1）氯化钙

无水氯化钙（$CaCl_2$），相对分子质量为 110.59，极易溶于水，20 ℃时 100 g 水中可溶解氯化钙 74.5 g，同时放出溶解热。工业氯化钙含有两个结晶水，为灰色多孔小块，极易吸潮。

氯化钙能加速水泥的早期水化，缩短水泥凝结时间，提高早期强度。氯化钙对混凝土产生早强作用的主要原因是它能与水泥中的 C_3A 作用，生成不溶性水化氯铝酸钙（$C_3A \cdot CaCl_2 \cdot 10H_2O$），并与 C_3S 水化析出的氢氧化钙作用，生成不溶于氯化钙溶液的氧氯化钙[$CaCl_2 \cdot 3Ca(OH)_2 \cdot 12H_2O$]。这个过程的反应式为

$$CaCl_2 + C_3A + 10H_2O \longrightarrow C_3A \cdot CaCl_2 \cdot 10H_2O$$

$$CaCl_2 + 3Ca(OH)_2 + 12H_2O \longrightarrow CaCl_2 \cdot 3Ca(OH)_2 \cdot 12H_2O$$

由于氯化钙与氢氧化钙的迅速反应，降低了液相中的碱度，使 C_3S 的水化反应加速，从而也有利于提高水泥石的早期强度。

（2）三乙醇胺

三乙醇胺[$N(CH_2CH_2OH)_3$]为无色或淡黄色透明油状液体，稍有氨味，易溶于水、乙醇，呈碱性。三乙醇胺及其水溶液对钢、铁、镍等均不起反应，但对铜、铝及合金破坏反应很快。

三乙醇胺作为早强剂，常用掺量为 0.02％～0.05％，具有掺量少、副作用小、低温早强作用明显、有一定的后期增强作用的特点。三乙醇胺的早强作用是能促进 C_3A 的水化，在 C_3A-$CaSO_4$-H_2O 体系中，它能加速钙矾石的生成，因而对混凝土早期强度发展有利。三乙醇胺分子中 N 原子上的共用电子对很容易与金属离子形成共价键，发生配合，与金属离子形成较为稳定的配合物。这些配合物在溶液中形成了很多的可溶区，提高了水化产物的扩散速率，可以缩短水泥水化过程中的潜伏期，提高早期强度。

三乙醇胺适宜掺量为 0.02％～0.05％，低于 0.02％时早强效果不明显，大于 0.05％尤其是大于 0.1％时强度显著下降。工程中三乙醇胺一般不单作早强剂，通常与无机早强剂复合使用，效果更好。此外，三乙醇胺是一种有效的正温早强剂，负温环境中作用不大。在使用中，往往选择价格较便宜的三乙醇胺残渣，它实际上是三乙醇胺、三异丙醇胺、二乙醇胺等的混合物，由于超叠加效应，其效果有时优于纯三乙醇胺。

2.5.3 缓凝剂

本书中提到的富水速凝胶结充填材料所用缓凝剂为酒石酸和硼砂按一定

比例配制而成。

（1）酒石酸

酒石酸学名 2,3-二羟基丁二酸，分子式为 $C_4H_6O_6$，相对分子质量为 150.09。酒石酸为无色结晶或白色结晶粉末，无臭、有酸味，在空气中稳定。它是等量右旋和左旋酒石酸的混合物，常含有一个或两个结晶水，加热至 100 ℃时失掉结晶水。其密度为 1.697 g/cm³，水溶解度为 20.6%，乙醚中溶解度约为 1%，乙醇中溶解度为 5.01 g。酒石酸广泛用于食品、医药、化工、轻工等行业，主要用于制造酒石酸盐。

酒石酸钾钠（$KNaC_4H_4O_6 \cdot 4H_2O$），相对分子质量为 282.23，也称罗谢尔盐，为白色结晶粉末。其密度为 1.79 g/cm³，熔点为 75 ℃，在热空气中稍有风化性，60 ℃开始失去部分结晶水，100 ℃时失去 3 个水分子，215 ℃时变成无水盐，易溶于水，溶液呈微碱性。

两者对水泥均有强烈缓凝作用，在普通混凝土中使用，酒石酸掺量一般为水泥用量的 0.01%～0.1%。

高温下的酒石酸缓凝作用明显，在温度为 150 ℃以上和很高压力下，是稳定的高温缓凝剂，且能改善水泥浆的流动性能，对水泥石强度没有明显的影响。将酒石酸和硼砂复合作为缓凝剂时，不但有好的缓凝效果，且能改善水泥石的结构，使水泥石结构均匀，可提高水泥石的机械强度。由于掺入酒石酸可使水泥浆淅水和失水量增大，因此往往与降水剂和失水剂共同使用。

酒石酸的质量指标如表 2-8 所列。

表 2-8　酒石酸质量指标

项　目	指　标	项　目	指　标
含量/%	≥99.5	砷（以 As 计）含量/%	≤ 0.000 2
熔点范围/℃	200～206	易氧化物	合格
硫酸盐（以 SO_4^{2-} 计）含量/%	≤ 0.04	加热减量/%	≤ 0.5
重金属（以 Pb 计）含量/%	≤ 0.001	灼烧残渣/%	≤ 0.10

（2）硼砂

硼砂，分子式为 $Na_2B_4O_7 \cdot 10H_2O$，相对分子质量为 381.37，又名十水四硼酸钠、硼酸钠、焦硼酸钠。

硼砂是硼酸盐中最具代表性的化合物，为无色半透明的单斜晶系结晶或白色结晶粉末,相对密度为 1.73。其迅速加热至 75 ℃时开始熔融;100 ℃时失去 5 个结晶水;150 ℃时失去 9 个结晶水;320 ℃时失去全部结晶水而变成无水物。其溶于水和甘油,不溶于乙醇和酸。

硼砂的水溶液呈弱碱性,pH 值约为 9.5。当溶液温度高于 56 ℃时,可析出五水合物;低于 56 ℃时则生成十水合物。其露置于空气中易缓慢风化。其在与许多金属的氧化物共溶时,能将它们溶解。本品无臭、味咸,有杀菌作用,但口服对人有害。

硼砂在水中的溶解度如表 2-9 所列。

表 2-9　硼砂在水中的溶解度

温度/℃	0	10	20	30	40	60	80	90	100
溶解度/(g/100g 水)	1.11	1.60	2.56	3.86	6.67	19.00	31.40	41.00	52.50

硼砂的缓凝机理主要是硼酸盐的分子与溶液中的 Ca^{2+} 形成络合物,从而抑制了 CH 结晶的析出。络合物以 $C_3A \cdot 3Ca(BO_2)_2 \cdot H_2O$ 的形式在水泥颗粒表面形成一层无定形的阻隔层,从而延缓了水泥的水化与结晶析出。硼砂的掺量为水泥质量的 $1\% \sim 2\%$。

硼砂一般用作油井水泥和硫铝酸盐水泥的缓凝剂,常用的是它的钠盐、钾盐,多用于深井,是一种高温有效的缓凝剂。美国、加拿大用它作为超深井高温缓凝剂。另外它也常和其他外加剂复合使用,如硼砂和木质素磺酸盐的混合物,可用于极高温度的深井油井水泥;硼砂及硼酸盐还可与酒石酸或葡萄糖酸钙等复配作为深井油井水泥的缓凝剂。它用于硫铝酸盐水泥中常因缓凝剂效果不稳定而需与其他组分复配使用,为防止缓凝效果不稳定而导致工程事故,可与硫酸铝复配达到适度的稳定效果的缓凝目的。

硼砂对硫铝酸盐水泥性能的影响如表 2-10 所列。

表 2-10　硼砂对硫铝酸盐水泥性能的影响

掺量 /%	标准稠度 /%	凝结时间/min		抗压强度/Pa			
		初凝	终凝	4 h	6 h	24 h	3 d
0	25	42	125	5.0	16.7	45.4	68.8
0.05	25	66	131	4.7	12.4	46.6	68.8
0.10	25	67	136	—	10.4	52.7	68.8
0.20	25	194	228	—	—	47.5	79.0
0.30	25	552	722	—	—	41.0	80.2

2.5.4　速凝剂

速凝剂按形态划分,有粉状和液态的;按主要成分划分,有硅酸盐、碳酸盐、铝酸盐、氢氧化物、铝盐以及有机类速凝剂。其他具有速凝作用的无机盐包括氟铝酸钙、氟硅酸镁或钠、氯化物、氟化物等,可作为速凝剂使用的有机物则有烷基醇胺类和聚丙烯酸、聚甲基丙烯酸、羟基羧酸、丙烯酸盐等。

本书中提到的富水速凝胶结充填材料所用速凝剂为复合制剂,其成分主要有铝氧熟料、碳酸盐、锂盐、丙烯酸盐中其中的一种或几种,其速凝机理如下:

(1) 生成水化铝酸钙而速凝

在水泥浆体中发生以下化学反应:

$$Na_2CO_3 + CaO + H_2O \rightleftharpoons CaCO_3 + 2NaOH$$

$$Na_2CO_3 + CaSO_4 \rightleftharpoons CaCO_3 + Na_2SO_4$$

$$NaAlO_2 + 2H_2O \rightleftharpoons Al(OH)_3 + NaOH$$

$$2NaAlO_2 + 3CaO + 7H_2O \rightleftharpoons 3CaO \cdot Al_2O_3 \cdot 6H_2O + 2NaOH$$

$$2Al(OH)_3 + 3CaO + 3H_2O \rightleftharpoons 3CaO \cdot Al_2O_3 \cdot 6H_2O$$

(2) 形成水化铝酸钙骨架并促进 C_3S 水化速凝

速凝剂生成的 $NaOH$ 能促进 C_3S 的水化,加快硅离子的溶出速度,同时,水泥水化生成的 Ca^{2+} 与速凝剂中 $Al_2O_4^{2-}$ 迅速反应生成大量水化铝酸钙,并消耗大量水,降低水泥浆体黏度,迅速形成网络结构导致速凝。此外,水化放热可对速凝起到促进作用。

(3) 絮凝作用速凝

对于无机速凝剂,由于速凝剂离子带电与水化物带电电性相反,产生电性中和作用,电位降低,导致水化物粒子聚集絮凝产生沉降而加速凝结。对于掺有水溶性树脂等高分子有机物的速凝剂,由于水泥颗粒和水化物硅氧键中的氧离子会与高分子有机物中的氢原子之间形成氢键,从而产生"架桥"吸附作用。大量分散的微细颗粒被吸附于高分子长链周围,起到增稠作用,并形成大颗粒的聚集体而具有大的沉降速度,加速了水泥浆体的凝结。

有机物速凝剂的作用方式有两种:① 对沉淀在水泥粒子上的 $Ca(OH)_2$ 和钙矾石有溶解作用,因而使水泥与水的反应不致延缓,从而加速了水泥和水的反应;② 与水化产物共同结晶,加固了水泥结构,反应生成物结晶呈针状体,将水泥颗粒交织在一起致使其快速凝结。

锂盐速凝剂能加速高铝水泥的水化反应。高铝水泥水化时生成 CAH_{10}

和 C_2AH_8，两者都能转化成 C_3AH_6。其水化产物的组成与时间和温度有关，在水化早期，钙矾石、氢氧化钙、CAH_{10}、C_2AH_8 等水化产物从过饱和溶液中沉淀必须克服一个成核能垒，从而导致诱导期。当锂盐速凝剂掺入后，锂离子能与这些水化铝酸盐结合生成细小的晶体并迅速结晶，从而消除了成核能垒，使诱导期缩短或者消失。

3　富水速凝胶结材料试验

3.1　材料特性要求及试验条件

　　根据试验要求,材料配方在标准养护条件下单轴抗压强度 8 h 在 0.8 MPa以上,24 h 强度不小于 2 MPa,72 h 强度不小于 3 MPa(由于采矿后充填体需要在岩层失稳前尽快达到煤体抗压强度的要求,所以将 72 h 的强度作为主要参考抗压强度),初凝时间大于 80 min(本书根据经验认为按照建筑行业标准《水泥 试验方法 凝结时间和稳定性的测定》测定材料的初凝时间为开始承压时间和可以拆模时间)。

　　根据试验要求,配方中粉煤灰与水泥的质量比为 8∶1;水胶的质量比为 0.95∶1。水灰比较大,可不考虑流动度低给充填输送带来的不利影响;粉煤灰在材料中的体积质量较大,在浆料中起到的悬浮作用明显,可忽略浆料输送过程中的固液分离问题。

3.2　原材料及试验设备

3.2.1　原材料

(1)七台河矿业公司矸石电厂粗粉煤灰

　　试验采用龙煤集团七台河矿业公司矸石电厂(以下简称"七台河矸石电厂")的废弃粗粉煤灰,外观呈灰褐色,细度为 119.0 m²/kg,密度为 2.2 kg/m³。粗粉煤灰的化学成分如表 3-1 所列,扫描电镜分析如图 3-1 所示。分析可知,粉煤灰颗粒较粗,含碳量较高,球状玻璃微珠量少,蜂窝状或块状颗粒较多。

表 3-1　粗粉煤灰的主要化学成分分析及物理性质

成分	SiO$_2$	Al$_2$O$_3$	Fe$_2$O$_3$	CaO	MgO	K$_2$O	Na$_2$O	SO$_3$	烧失量
含量/%	37.2	24.5	8.4	8.3	1.6	1.2	1.6	12.2	2.7

图 3-1　粗粉煤灰扫描电镜图

（2）普通铝酸盐水泥

采用山西某公司生产的 425 快硬硫铝酸盐水泥进行试验，水泥的具体物理参数如表 3-2 所列，其化学组成如表 3-3 所列。该水泥的主要矿物为 C$_4$A$_3$S（3CaO·3Al$_2$O$_3$·CaSO$_4$）和 C$_2$S。二水石膏、硬石膏和石灰石粉是为调节硫铝酸盐水泥凝结时间和体积稳定性而在粉磨阶段掺入的。

表 3-2　硫铝酸盐水泥物理参数

项目	水灰比	标准水量	初凝时间/min	终凝时间/min	稠度/mm	比表面积 m^2/kg	流动度/mm	抗折强度/MPa			抗压强度/MPa		
								24 h	3 d	28 d	24 h	3 d	28 d
参数	0.43	24.4	29	57	28.5	395	170	4.3	8.4	8.9	40.6	49.5	60.7

表 3-3　硫铝酸盐水泥化学组成

成分	SiO$_2$	Al$_2$O$_3$	Fe$_2$O$_3$	CaO	MgO	SO$_3$	TiO$_2$	K$_2$O	Na$_2$O	烧失量
含量/%	16.40	25.83	1.09	37.18	1.82	9.22	0.58	0.31	0.16	7.40

（3）生石灰块

试验所用生石灰购自哈尔滨市阿城区某石灰窑，其 CaO 质量分数在 75％以上。

（4）石膏粉

采用大唐鸡西热电有限责任公司工业副产品脱硫石膏，符合《用于水泥中的工业副产石膏》（GB/T 21371）中硫酸钙质量分数≥75％的规定。

（5）KY-ZH 早强缓凝剂

KY-ZH 早强缓凝剂由黑龙江科技大学矿业研究院研制，其主要成分是 Li_2CO_3 和石膏。

（6）KY-S 速凝剂

KY-S 速凝剂由黑龙江科技大学矿业研究院研制，其主要成分是铝氧熟料。

（7）HHJ 系列粉煤灰活化剂

HHJ 系列粉煤灰活化剂由黑龙江科技大学矿业研究院研制，其主要成分由 Na_2SiO_3、Na_2SO_4、$CaSO_4$、$NaCl$、明矾等中的一种或几种组成。

3.2.2 试验设备

① PE60×100 颚式破碎机 1 台，主要用来破碎生石灰块；

② 7.07 mm×7.07 mm×7.07 mm 三联试模 10 套，用于浆料凝固成形；

③ LT1002E/0.01g 型电子天平 1 个，用来称固体料；

④ 小型电动搅拌器 2 台；

⑤ 1 000 mL、2 000 mL 容量的量筒各 2 只；

⑥ 自制恒温水浴养护箱 10 台（可调温）、HWHS-40B 恒温恒湿养护箱 1 台、WDS-50A 万能压力机 1 台、维卡仪 1 台；

⑦ ZB-0.13/18 气泵、脱模枪各 1 个；

⑧ NDJ-1 型黏度计 1 个；

⑨ 扫描式电子显微镜为日立 S-4800 电子显微镜，加速电压为 0.5～30 kW，电子枪为冷场发射电子源，放大倍率为 30～800 000；

⑩ 试验所用激光粒度分析仪为 Mastersizer3000，扫描角度为 0.015°～144°，数据采集速率为 10 kHZ，采用自动对光分析方法。

3.3 材料组分正交试验

3.3.1 试验思路及步骤

（1）试验思路

以粗粉煤灰为主料，配合硫铝酸盐水泥、石灰、石膏等少量胶凝材料，以及 KY-S 速凝剂、KY-ZH 早强缓凝剂两种外加剂。在"低成本"为核心的指导思想下，找到一个在标准养护条件下 3 d 内材料单轴抗压强度最大的最优配方。

按照《水泥 实验方法 凝结时间和稳定性的测定》测定材料的初凝时间。根据试验经验规定粗粉煤灰与硫铝酸盐水泥的质量比为 8∶1，水胶质量比为 0.95∶1。

（2）试验步骤

① 选好试验因素、水平，列正交表，进行方案设计；

② 按照试验方案，干料用电子天平称好倒入一个塑料盆中，水用量筒称好后倒入烧杯中；

③ 将所称物料和水同时倒入电动搅拌器搅拌 10 min 后慢慢倒满试模，用刮刀将上面抹平再用塑料布盖住表面（防止水分蒸发），将试模放入温度为 20 ℃的恒温水浴养护箱中进行养护；

④ 达到规定时间后将试模从养护箱中取出，用气泵、脱模枪进行脱模，在 WDS-50A 万能压力机上进行单轴抗压试验，记下试验数据，填写结果表。

3.3.2 原材料检验

（1）硫铝酸盐水泥检验

① 水泥强度检验

按照《水泥胶砂强度检验方法》（GB/T 17671）进行检验。原材料包括 150 标准砂、天平、自来水、425 快硬硫铝酸盐水泥。试验结果如表 3-4 所列。

a. 用水量按水灰比 0.42 和胶砂流动度达到 121～130 mm 来确定。当按 0.42 水灰比制备的胶砂流动度超出规定的范围时，应按 0.01 的整倍数增减水灰比，使流动度达到规定的范围。胶砂流动度测定按《水泥胶砂流动度测定方法》（GB/T 2419）进行。

表 3-4　水泥胶砂强度试验

不同龄期强度	第一组强度 /MPa	第二组强度 /MPa	第三组强度 /MPa	平均值 /MPa	试验结论
1 d 抗折强度	7.6	7.8	8.0	7.8	该水泥强度试验值符合425快硬硫铝酸盐水泥的强度要求
1 d 抗压强度	40.2	40.8	40.5	40.5	
3 d 抗折强度	8.1	8.7	8.4	8.4	
3 d 抗压强度	49.3	49.4	49.4	49.4	
28 d 抗折强度	9.0	8.8	8.9	8.9	
28 d 抗压强度	60.4	60.9	60.8	60.7	

b. 试体成形后,带模置于温度为（20±3）℃、湿度大于90％的养护箱中养护。

4 h 后脱模后（如脱模困难,可适当延长脱模时间）,放入（20±2）℃的水中养护。

c. 1 d 和 3 d 龄期的试体,应在规定龄期±1 h 的时间内进行强度检验。

② 水泥标准稠度用水量、凝结时间、安定性检验

按照《水泥标准稠度用水量、凝结时间安定性检验方法》（GB/T 1346）进行检验。

a. 标准稠度用水量。

采用标准法（试杆法）进行 5 组试验,最后确定标准稠度用水量为126 mL。

b. 凝结时间。

初凝时间为 29 min,终凝时间为 57 min,符合规范要求。

c. 安定性试验。

采用雷氏夹法进行试验,试验结果如表 3-5 所列,该水泥安定性合格。

表 3-5　水泥安定性试验　　　　　　　　　　　单位:mm

项目	Al	A2	C1	C2	C1－Al	C2－A2	平均值	C－A 差值
参数	10.0	12.0	11.0	12.5	1.0	0.5	0.75(<5.0)	0.5(<4.0)

（2）脱硫石膏检验

① 含自由水量检验

先准确称量一定量的石膏,在恒温下干燥,冷却到室温后,再称量,根据减少的质量,计算含水量。

② 有效含量检验

脱硫石膏中的硫酸钙含量（质量分数）$\omega(CaSO_4 \cdot 2H_2O + CaSO_4)$,数值以%表示,按下式计算:

$$\omega(CaSO_4 \cdot 2H_2O + CaSO_4) = \omega(结晶水) + 1.7 \times \omega(SO_3)$$

式中　ω（结晶水）——结晶水质量分数,%;

　　　$\omega(SO_3)$——SO_3 质量分数,%。

通过烘烤温度为 $220 \sim 225$ ℃ 的质量法测得脱硫石膏中结晶水的质量分数为 20%,用硫酸钡重量法测得三氧化硫的质量分数为 40%,代入上式得到脱硫石膏的有效质量分数为 88%。符合《用于水泥中的工业副产石膏》（GB/T 21371）中硫酸钙质量分数≥75%的规定。

（3）生石灰检验

① 试样溶液制作

称取约 0.5 g 试样于铂坩埚中,加入 2 g 碳酸钾-硼砂混合溶剂混匀,再以少许溶剂清洗玻璃棒,并铺于试样的表面;盖上坩埚盖,从低温开始逐渐升高温度至气泡停止发生,在 $950 \sim 1\ 000$ ℃ 下继续熔融 $3 \sim 5$ min;然后用坩埚钳夹持铂坩埚旋转,使熔融物均匀地附着于铂坩埚的内壁。冷却至室温后将铂坩埚及盖一并放入已加热至微沸的盛有 100 mL 硝酸的烧杯中,并继续保持其微沸的状态,直至熔融物完全分解;再用水清洗铂坩埚及盖,最后将溶液冷却至室温,移入 250 mL 容量瓶定容,摇匀后供化验使用。

在 pH 值大于 12 的溶液中,以氟化钾掩蔽硅酸,三乙醇胺掩蔽铁、铝,以 CMP 为指示剂,用 EDTA 标准溶液直接滴定钙。钙离子与钙黄绿素生成的络合物呈绿色荧光,钙黄绿素本身为橘红色,因此滴定终点时绿色荧光消失,而呈现橘红色。

② 氧化钙含量测定

准确吸取试样溶液 25 mL,放入 400 mL 烧杯中,加 5 mL 盐酸及 5 mL 2%氟化钾溶液,搅拌并放置 2 min 以上,然后用水稀释至 200 mL。加 4 mL 三乙醇胺及适量的 CMP 指示剂,以 20%的氢氧化钾溶液调节溶液出现绿色荧光后再加入 $7 \sim 8$ mL（此时溶液 pH 值大于 13）。用 0.015 mol/L EDTA 标准溶液滴定至溶液绿色荧光消失。

氧化钙质量分数百分含量按下式计算：

$$T_{CaO} = 100N \cdot T(CaO) \cdot V/1\,000G$$

式中　$T(CaO)$——每毫升 EDTA 标准溶液相当于氧化钙的毫克数，mg；

　　　V——滴定时消耗 EDTA 标准溶液的体积，mL；

　　　N——试样溶液总体积与所分取试样溶液的体积之比；

　　　G——试样质量，g。

用以上方法测得有效氧化钙的质量分数为 82%，符合工业生产时要求。

③ 氧化镁含量测定

准确吸取试样溶液 25 mL，放入 400 mL 烧杯中，加 5 mL 2%氟化钾溶液，然后用水稀释至 200 mL。加 1 mL 10%酒石酸钾钠溶液、4 mL 三乙醇胺，以氨水调节溶液 pH 值为 10（用精密试纸检验），加入 20 mL 氨-氯化铵缓冲溶液（pH 值为 10.5）及适量的酸性铬蓝 K-萘酚绿 B 混合指示剂，用 0.015 mol/L EDTA 标准溶液滴定至呈纯蓝色。

氧化镁质量分数按下式计算：

$$T_{MgO} = 100N \cdot T(MgO)(V_2 - V_1)/1\,000G$$

式中　$T(MgO)$——每毫升 EDTA 标准溶液相当于氧化镁的毫克数，mg；

　　　V_1——滴定钙时消耗 EDTA 标准溶液的体积，mL；

　　　V_2——滴定钙、镁含量时消耗 EDTA 溶液的体积，mL；

　　　N——试样溶液总体积与所分取试样溶液的体积之比；

　　　G——试样质量，g。

用以上方法测得氧化镁的质量分数为 3.2%，符合试验对石灰氧化镁质量分数的要求。

3.3.3　材料组分正交试验方案

参照高水材料石灰和石膏的掺量，石膏掺量为相对于水泥所占质量分数为 15%～25%，石灰掺量为相对于水泥所占质量分数为 10%～20%，早强缓凝复合外加剂参照硫铝酸盐水泥早强剂及缓凝剂的用量，掺量为相对于水泥所占质量分数为 1.0%～3.0%，同理速凝剂相对于水泥所占质量分数为 0.5%～2.0%。

将石灰、石膏、KY-ZH、KY-S 作为 4 个因素，选用 $L_9(3^4)$ 正交表，如表 3-6 所列，试验方案如表 3-7 所列。

表 3-6 正交表水平及因素   单位:%

因素		水平		
代号	名称	1	2	3
A	石灰	15	20	25
B	石膏	10	15	20
C	KY-ZH	1.0	2.0	3.0
D	KY-S	0.5	1.0	2.0

注:各因素的掺量为相对于水泥所占质量分数。

表 3-7 正交试验方案

试验号	因素			
	A	B	C	D
1	1(15%)	1(10%)	1(1.0%)	1(0.5%)
2	1(15%)	2(15%)	2(2.0%)	2(1.0%)
3	1(15%)	3(20%)	3(3.0%)	3(2.0%)
4	2(20%)	1(10%)	2(2.0%)	3(2.0%)
5	2(20%)	2(15%)	3(3.0%)	1(0.5%)
6	2(20%)	3(20%)	1(1.0%)	2(1.0%)
7	3(25%)	1(10%)	3(3.0%)	2(1.0%)
8	3(25%)	2(15%)	1(1.0%)	3(2.0%)
9	3(25%)	3(20%)	2(2.0%)	1(0.5%)

3.3.4 试验结果

(1) 试验结果

根据试验方案及试验步骤,得到材料 8 h、24 h、3 d 抗压强度结果,如表 3-8所列。

表 3-8 8 h,24 h,3 d 抗压强度结果表

试验号	抗压强度/MPa			试验号	抗压强度/MPa			试验号	抗压强度/MPa		
	8 h	24 h	3 d		8 h	24 h	3 d		8 h	24 h	3 d
1	0.11	0.22	0.84	4	0.14	0.91	1.14	7	0.37	1.17	1.44
2	0.11	0.58	0.94	5	0.20	1.05	1.12	8	0.25	1.03	1.77
3	0.14	0.63	1.23	6	0.15	0.93	1.15	9	0.32	0.93	1.24

（2）结果分析

根据抗压强度进行极差分析，结果分析如表 3-9 所列。

表 3-9　抗压强度极差分析

序号	8 h 抗压强度/MPa				24 h 抗压强度/MPa				3 d 抗压强度/MPa			
	A	B	C	D	A	B	C	D	A	B	C	D
K_1	0.36	0.62	0.51	0.63	1.43	2.3	2.18	2.2	5.71	6.12	6.46	5.90
K_2	0.49	0.56	0.57	0.63	2.89	2.66	2.42	2.68	6.11	6.53	6.02	6.23
K_3	0.94	0.61	0.71	0.53	3.13	2.49	2.85	2.57	7.15	6.32	6.49	6.84
k_1	0.12	0.21	0.17	0.21	0.48	0.77	0.73	0.73	1.90	2.04	2.15	1.97
k_2	0.16	0.19	0.19	0.21	0.96	0.89	0.81	0.89	2.04	2.18	2.01	2.08
k_3	0.31	0.20	0.24	0.18	1.04	0.83	0.95	0.86	2.38	2.11	2.16	2.28
R	0.19	0.02	0.07	0.03	0.57	0.12	0.22	0.16	0.48	0.14	0.16	0.31

根据极差结果分析 8 h 抗压强度水平效应，如图 3-2 所示。判断 8 h 抗压强度影响因素的主次顺序为石灰、KY-ZH、KY-S、石膏，因此石灰、KY-ZH 两个因素的水平变化对抗压强度的影响最大，KY-S、石膏次之，也就是说石灰、KY-ZH 为主要因素，KY-S、石膏因素为不重要因素。根据方差分析结果（见表 3-10），石灰对 8 h 抗压强度结果有极显著的影响，KY-ZH 对 8 h抗压强度结果有非常显著的影响，KY-S 和石膏对 8 h 抗压强度结果无显著影响。

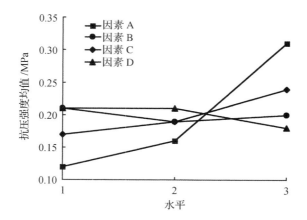

图 3-2　8 h 抗压强度水平效应与极差分析图

表 3-10　8 h 抗压强度方差分析

方差来源	偏差平方和	自由度	方差	F 值	F_a	显著水平
因素 A	0.062	2	0.031 0	62		＊＊＊
因素 B	0.001	2	0.000 5	1		—
因素 C	0.007	2	0.004 0	8	$F_{0.01}(2,4)=18$	＊＊＊
因素 D	0.002	2	0.001 0	2	$F_{0.05}(2,4)=6.944$	—
误差	0.001	2	0.000 5		$F_{0.1}(2,4)=4.325$	
修正误差	0.001	4	0.000 5		$F_{0.25}(2,4)=2$	
总和	0.072	14				

注:当 $F>F_{0.01}(n_1,n_2)$ 时,说明该因素水平的改变对试验结果有极显著的影响,记作 ＊＊＊;当 $F_{0.05}(n_1,n_2)<F\leqslant F_{0.01}(n_1,n_2)$ 时,说明该因素水平的改变对试验结果有非常显著的影响,记作 ＊＊;当 $F_{0.1}(n_1,n_2)<F\leqslant F_{0.05}(n_1,n_2)$ 时,说明该因素水平的改变对试验结果有显著的影响,记作 ＊;当 $F_{0.25}(n_1,n_2)<F\leqslant F_{0.1}(n_1,n_2)$ 时,说明该因素水平的改变对试验结果有一定的影响,记作 o;当 $F\leqslant F_{0.25}(n_1,n_2)$ 时,说明该因素水平的改变对试验结果无显著影响,记作 —。

根据极差结果分析 24 h 抗压强度水平效应,如图 3-3 所示。判断 24 h 抗压强度影响因素的主次顺序为石灰、KY-ZH、KY-S、石膏。因此石灰、KY-ZH 两个因素的水平变化对抗压强度的影响最大,KY-S、石膏次之,也就是说,石灰、KY-ZH 为主要因素,KY-S、石膏因素为不重要因素。根据方差分析结果(见表 3-11),石灰对 24 h 抗压强度结果有极显著的影响,KY-ZH 对 24 h 抗压强度结果有一定的影响,KY-S 和石膏对 24 h 抗压强度结果无显著影响。

表 3-11　24 h 抗压强度方差分析

方差来源	偏差平方和	自由度	方差	F 值	F_a	显著水平
因素 A	0.564	2	0.282	19.83		＊＊＊
因素 B	0.022	2	0.011	1		—
因素 C	0.077	2	0.038	2.71	$F_{0.01}(2,4)=10.925$	o
因素 D	0.042	2	0.021	1.5	$F_{0.1}(2,4)=3.125$	—
误差	0.022	2	0.011		$F_{0.25}(2,4)=1.762$	
修正误差	0.085	6	0.014			
总和	0.727	16				

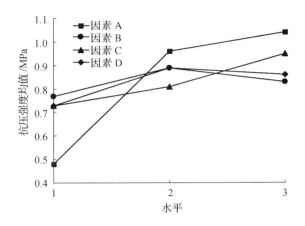

图 3-3　24 h 抗压强度水平效应与极差分析图

根据极差结果分析 72 h 抗压强度水平效应,如图 3-4 所示。判断 72 h 抗压强度影响因素的主次顺序为石灰、KY-S、KY-ZH、石膏。石灰、KY-S 为主要因素,KY-ZH、石膏为不重要因素。根据方差分析结果(见表 3-12),石灰和 KY-S 对 72 h 抗压强度结果有非常显著的影响,KY-ZH、石膏对 72 h 抗压强度结果无显著影响。

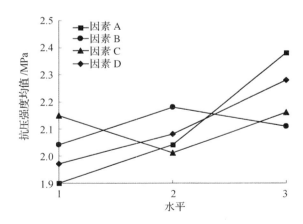

图 3-4　72 h 抗压强度水平效应与极差分析图

表 3-12　72 h 抗压强度方差分析

方差来源	偏差平方和	自由度	方差	F 值	F_a	显著水平
因素 A	0.368	2	0.184	10.815		＊＊
因素 B	0.028	2	0.014	0.82		—
因素 C	0.046	2	0.023	1.35	$F_{0.01}(2,4)=10.925$	—
因素 D	0.152	2	0.076	4.451	$F_{0.05}(2,4)=3.967$	＊＊
误差	0.028	2	0.014		$F_{0.25}(2,4)=1.762$	
修正误差	0.102	6	0.017			
总和	0.622	16				

（3）试验结论

根据各指标不同水平平均值确定各因素的优化水平组合如下：

① 按 8 h 抗压强度确定为：$A_3B_1C_3D_2$；

② 按 24 h 抗压强度确定为：$A_3B_2C_3D_2$；

③ 按 3 d 抗压强度确定为：$A_3B_2C_3D_3$。

对于石灰可确定取 3 水平为最优水平；对于石膏取 1 水平时，8 h 抗压强度最大，取 2 水平时，24 h 和 3 d 抗压强度最大，但 8 h 抗压强度取 1 水平时只比取 2 水平大 4％，故石膏取 2 水平较合理；KY-ZH 取 3 水平，即 3.0％为最优水平；按 8 h 和 24 h 抗压强度，KY-S 取 2 水平为最优水平，按 72 h 抗压强度，KY-S 取 3 水平最优水平，但取 3 水平的 3 d 强度只比 2 水平的 3 d 强度增加 8.7％，故 KY-S 取 2 水平为最优水平。

因此，质量比为 25％石灰、15％石膏、3％KY-ZH、2％KY-S 为最优组合。

因为规定配方中粗粉煤灰：水泥＝8：1（质量比）；水胶比为 0.95：1（质量比），所以确定材料组分配方的质量比为：800 份粗粉煤灰、898 份水、100 份水泥、25 份石灰、15 份石膏、3 份 KY-ZH、2 份 KY-S。

3.4　基于组分配方的粗粉煤灰活化正交试验

3.4.1　试验思路及试验步骤

（1）试验思路

找到一种激发剂，在按以上组分最优配方比例的"水"和"粗粉煤灰"一起搅拌陈放一定时间后,能最大限度地激发粗粉煤灰的活性,然后再按配方的组分比例加入剩下添加剂后制得试验块,它比粉煤灰激活前的抗压强度明显增强,最后得到 8 h 强度大于 0.8 MPa,24 h 强度不小于 2 MPa,3 d 强度不小于 3 MPa,初凝时间在 1.5~2 h 的最终配方。

（2）基于组分试验配方的粗粉煤灰活化试验步骤

① 将激发剂、水、粗粉煤灰用电动搅拌器搅拌 5 min 后放入标准养护箱进行陈放;

② 将其他试剂按配方比例用电子天平称好,放入容器中;

③ 将试模底部用木塞塞上,再用喷壶均匀喷湿后,用塑料膜粘在模表面;

④ 到达规定陈放时间后,将粗粉煤灰浆从养护箱取出,将称好的干料全部混入粗粉煤灰浆中,用电动搅拌器充分搅拌 10 min,倒入试模,并用刮刀将上面抹平后,在上面铺一层塑料纸,将试模放入标准养护箱中进行养护;

⑤ 将一部分料浆一次装满维卡仪试模,立即放入标准养护箱养护 0.5 h 后开始第一次测定,当试针沉至距底板 4 mm±1 mm 时,即达到初凝状态;

⑥ 同时将另一部分料浆,倒入 NDJ-1 型黏度计中的圆柱形容器中,将黏度计转子调至 30 r/min,测定浆液的表观黏度。

到达 8 h、24 h、3 d、28 d 后,用气泵、脱模枪进行脱模后,在 WDS-50A 万能压力机上进行单轴抗压试验,记下试验数据。

3.4.2　粉煤灰活化正交试验方案

粉煤灰活化正交表及试验方案如表 3-13、表 3-14 所列。

表 3-13　正交表

因素		水平			
代号	名称及单位	1	2	3	4
A	活化时间/h	0	2	4	8
B	HHJ-1/%	0	3	6	9
C	HHJ-2/%	0	0.05	0.10	0.15
D	HHJ-3/%	0	0.1	0.2	0.3
E	HHJ-4/%	0	0.1	0.2	0.3

注:活化时间表示活化剂与粉煤灰、水搅拌陈放的时间;后 4 个因素的掺量为相对于粉煤灰所占质量分数。

表 3-14　正交试验方案

试验号	因素				
	A	B	C	D	E
1	1(0 h)	1(0%)	1(0%)	1(0%)	1(0%)
2	1(0 h)	2(3%)	2(0.05%)	2(0.1%)	2(0.1%)
3	1(0 h)	3(6%)	3(0.1%)	3(0.2%)	3(0.2%)
4	1(0 h)	4(9%)	4(0.15%)	4(0.3%)	4(0.3%)
5	2(2 h)	1(0%)	2(0.05%)	3(0.2%)	4(0.3%)
6	2(2 h)	2(3%)	1(0%)	4(0.3%)	3(0.2%)
7	2(2 h)	3(6%)	4(0.15%)	1(0%)	2(0.1%)
8	2(2 h)	4(9%)	3(0.1%)	2(0.1%)	1(0%)
9	3(4 h)	1(0%)	3(0.1%)	4(0.3%)	2(0.1%)
10	3(4 h)	2(3%)	4(0.15%)	3(0.2%)	1(0%)
11	3(4 h)	3(6%)	1(0%)	2(0.1%)	4(0.3%)
12	3(4 h)	4(9%)	2(0.05%)	1(0%)	3(0.2%)
13	4(8 h)	1(0%)	4(0.15%)	2(0.1%)	3(0.2%)
14	4(8 h)	2(3%)	3(0.1%)	1(0%)	4(0.3%)
15	4(8 h)	3(6%)	2(0.05%)	4(0.3%)	1(0%)
16	4(8 h)	4(9%)	1(0%)	3(0.2%)	2(0.1%)

3.4.3　试验结果

（1）试验结果

根据试验方案及试验步骤,得到材料的初凝时间、表观黏度及 8 h、24 h、3 d、28 d 抗压强度结果,如表 3-15 所列。

表 3-15　试验结果

试验号	初凝时间/min	黏度/厘泊	抗压强度/MPa			
			8 h	24 h	3 d	28 d
1	125	590	0.65	1.84	2.54	4.02
2	113	597	0.66	1.34	2.21	3.72

表 3-15(续)

试验号	初凝时间/min	黏度/厘泊	抗压强度/MPa			
			8 h	24 h	3 d	28 d
3	100	605	0.61	1.73	2.12	3.57
4	93	720	0.68	1.67	2.43	3.43
5	113	580	0.70	2.91	3.68	4.44
6	109	542	0.62	1.99	2.67	4.53
7	92	564	0.52	1.76	2.65	4.21
8	89	600	0.78	2.89	3.34	4.34
9	87	690	0.96	3.05	4.10	5.73
10	84	740	0.87	2.86	3.83	5.99
11	95	609	0.80	2.13	2.64	5.62
12	85	665	0.79	2.04	2.82	5.45
13	82	720	0.82	2.83	3.85	5.59
14	94	591	0.89	2.33	3.03	5.88
15	87	568	0.98	3.23	4.45	5.65
16	84	590	0.83	2.31	2.75	5.59

注:表中 1 厘泊$=10^{-3}$Pa・s。

（2）结果分析

① 初凝时间结果回归分析

对初凝时间结果做回归分析,可得初凝时间的正态概率分布图(见图 3-5)及因素 A~E 的回归系数(见表 3-16),其最优回归方程为

$$Y_{初凝时间}=142-7.6X_A-4.85X_B-5.35X_C-1.45X_D+0.75X_E$$

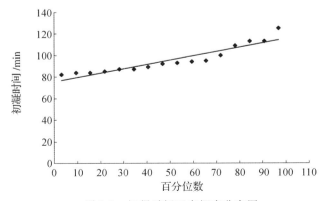

图 3-5 初凝时间正态概率分布图

表 3-16 初凝时间回归系数

项目	系数	标准误差	t 检验值	P 值	下限 95.0%	上限 95.0%
截距	142.00	5.666 6	25.059 3	$2.34×10^{-10}$	129.374 1	154.625 9
A	−7.60	0.994 0	−7.646 0	$1.75×10^{-5}$	−9.814 7	−5.385 3
B	−4.85	0.994 0	−4.879 4	0.000 6	−7.064 7	−2.635 3
C	−5.35	0.994 0	−5.382 4	0.000 3	−7.564 7	−3.135 3
D	−1.45	0.994 0	−1.458 8	0.175 3	−3.664 7	0.764 7
E	0.75	0.994 0	0.754 5	0.467 9	−1.464 7	2.964 7

对回归结果做方差分析(见表 3-17),得到 F 值为 22.787 5,P 值为 $3.61×10^{-5}$,因此模型具有统计学意义。从回归方程可知,除因素 E 对充填材料有缓凝作用外,其他因素对充填材料有速凝作用。

表 3-17 初凝时间方差分析

方差来源	自由度	平方和差	均方差	F 检验统计量	显著性水平
回归分析	5	2 251.4	450.28	22.787 5	$3.61×10^{-5}$
残差	10	197.6	19.76		
总计	15	2 449.0			

② 表观黏度结果回归分析

对表观黏度结果做回归分析,可得表观黏度的正态概率分布图(见图 3-6)及因素 A～E 的回归系数(见表 3-18),其最优回归方程为

$$Y_{表观黏度}=505.625+7.225X_A-3.475X_B+$$
$$32.875X_C+7.975X_D+2.425X_E$$

对回归结果做方差分析(见表 3-19),得到 F 值为 1.415 9,P 值为 0.298 6,因此模型具有统计学意义。从回归方程可知,除因素 B 对充填材料浆料有增加表观黏度作用外,其他因素对充填材料浆料有减少表观黏度的作用。

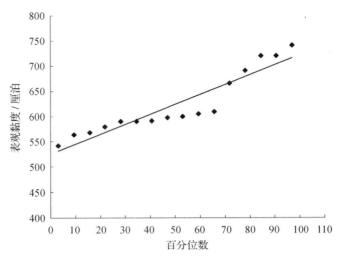

图 3-6　表观黏度正态概率分布图

表 3-18　表观黏度回归系数

项目	系数	标准误差	t 检验值	P 值	下限 95.0%	上限 95.0%
截距	505.625	74.670 6	6.771 4	0.000 0	339.248 6	672.001 4
A	7.225	13.098 1	0.551 6	0.593 3	−21.959 4	36.409 4
B	−3.475	13.098 1	−0.265 3	0.796 2	−32.659 4	25.709 4
C	32.875	13.098 1	2.509 9	0.030 9	3.690 6	62.059 4
D	7.975	13.098 1	0.608 9	0.556 2	−21.209 4	37.159 4
E	2.425	13.098 1	0.185 1	0.856 8	−26.759 4	31.609 4

表 3-19　表观黏度方差分析

方差来源	自由度	平方和差	均方差	F 检验统计量	显著性水平
回归分析	5	24 290.46	4 858.093	1.415 9	0.298 6
残差	10	34 311.98	3 431.198		
总计	15	58 602.44			

③ 抗压强度结果回归分析

对抗压强度不同龄期结果做回归分析,可得不同龄期的抗压强度的正态概率分布图(见图 3-7)及因素 A～E 的回归系数(见表 3-20),不同龄期的抗压强度的最优回归方程为

$$Y_{8h}=0.542\ 5+0.087X_A+0.006\ 5X_B+$$
$$0.010\ 5X_C+0.003\ 5X_D-0.008\ 5X_E$$
$$Y_{24h}=1.531\ 3+0.322\ 3X_A-0.109\ 3X_B+$$
$$0.110\ 3X_C+0.128\ 8X_D-0.141\ 8X_E$$
$$Y_{72h}=1.95+0.561\ 3X_A-0.152\ 8X_B-$$
$$0.092\ 8X_C+0.000\ 7X_D+0.202\ 8X_E$$
$$Y_{28d}=2.955+0.863\ 5X_A+0.094\ 5X_B-$$
$$0.194\ 5X_C-0.1X_D+0.048X_E$$

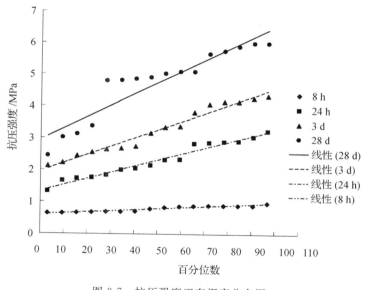

图 3-7　抗压强度正态概率分布图

从回归方程可知,因素 A 能有效增加充填材料 28 d 内的抗压强度,因素 B 对 8 h 和 28 d 抗压强度有积极影响,因素 C 对 8 h 和 24 h 抗压强度有积极影响,因素 D 对 8 h、24 h、3 d 抗压强度有积极影响,因素 E 对 3 d 和 28 d 抗压强度有积极影响。对回归结果做方差分析(见表 3-21),得到各龄期抗压强度 F 值均远大于 P 值,因此模型具有统计学意义。

表 3-20　抗压强度回归系数

龄期	项目	系数	标准误差	t 检验值	P 值	下限 95.0%	上限 95.0%
8 h	截距	0.542 5	0.077 2	7.026 8	0.000 0	0.370 5	0.714 5
	A	0.087 0	0.013 5	6.424 2	0.000 1	0.056 8	0.117 2
	B	0.006 5	0.013 5	0.480 0	0.641 6	−0.023 7	0.036 7
	C	0.010 5	0.013 5	0.775 3	0.456 1	−0.019 7	0.040 7
	D	0.003 5	0.013 5	0.258 4	0.801 3	−0.026 7	0.033 7
	E	−0.008 5	0.013 5	−0.627 7	0.544 3	−0.038 7	0.021 7
24 h	截距	1.531 3	0.539 2	2.839 6	0.017 6	0.329 7	2.732 8
	A	0.322 3	0.094 6	3.406 8	0.006 7	0.111 5	0.533 0
	B	−0.109 3	0.094 6	−1.155 0	0.274 9	−0.320 0	0.101 5
	C	0.110 3	0.094 6	1.165 6	0.270 8	−0.100 5	0.321 0
	D	0.128 8	0.094 6	1.361 1	0.203 3	−0.082 0	0.339 5
	E	−0.141 8	0.094 6	−1.498 6	0.164 9	−0.352 5	0.069 0
72 h	截距	1.950 0	0.500 1	3.898 9	0.003 0	0.835 6	3.064 4
	A	0.561 3	0.087 7	6.397 4	0.000 1	0.365 8	0.756 7
	B	−0.152 8	0.087 7	−1.741 1	0.112 3	−0.348 2	0.042 7
	C	−0.092 8	0.087 7	−1.057 2	0.315 3	−0.288 2	0.102 7
	D	0.000 7	0.087 7	0.008 5	0.993 3	−0.194 7	0.196 2
	E	0.202 8	0.087 7	2.311 0	0.043 4	0.007 3	0.398 2
28 d	截距	2.955 0	0.737 2	4.008 5	0.002 5	1.312 5	4.597 5
	A	0.863 5	0.129 3	6.677 7	0.000 1	0.575 4	1.151 6
	B	0.094 5	0.129 3	0.730 8	0.481 7	−0.193 6	0.382 6
	C	−0.194 5	0.129 3	−1.504 1	0.163 5	−0.482 6	0.093 6
	D	−0.100 0	0.129 3	−0.773 3	0.457 2	−0.388 1	0.188 1
	E	0.048 0	0.129 3	0.371 2	0.718 2	−0.240 1	0.336 1

表 3-21 抗压强度方差分析

方差来源	项目	自由度	平方和差	均方差	F 检验统计量	显著性水平
8 h 抗压强度方差分析	回归分析	5	0.156 1	0.031 2	8.512 5	0.002 3
	残差	10	0.036 7	0.003 7		
	总计	15	0.192 8			
24 h 抗压强度方差分析	回归分析	5	3.292 1	0.658 4	3.679 5	0.037 8
	残差	10	1.789 4	0.178 9		
	总计	15	5.081 5			
72 h 抗压强度方差分析	回归分析	5	7.760 9	1.552 2	10.083 4	0.001 2
	残差	10	1.539 3	0.154 0		
	总计	15	9.300 2			
28 d 抗压强度方差分析	回归分析	5	16.094 0	3.218 8	9.624 9	0.001 4
	残差	10	3.344 2	0.334 4		
	总计	15	19.438 2			

3.5 充填材料井下固化性能试验

3.5.1 试验目的与思路

经实验室试验获得充填材料配方,为了进一步验证该充填材料在井下环境中固化性能、凝结时间、拆模时间以及充填体接顶情况,在充填试验区域进行井下性能试验。

充填配方按活化时间为 4 h,取粉煤灰、水、水泥、石灰、石膏、KY-ZH、KY-S、HHJ-1、HHJ-2、HHJ-3、HHJ-4,分别为 800 份、898 份、100 份、25 份、15 份、3 份、2 份、3 份、0.05 份、0.3 份、0.2 份(配方参考 3.4 内容选择,其在试验室测得各性能参数如表 3-22 所列,本配方也作为本书的基本配方)。

表 3-22　基本配方性能参数

试验号	初凝时间/min	黏度/厘泊	抗压强度/MPa			
			8 h	24 h	3 d	28 d
11	91	609	0.93	2.78	4.00	5.62

试验在井下进行，在井上配好充填材料，由矿车运送至井下。

采用 1 t 矿车运送充填材料，并兼作活化（激发粉煤灰活性）和搅拌容器。为减少试验成本，设计专用搅拌器，搅拌叶采用可折叠结构，吊装在顶板对应轨道中心线位置上。搅拌作业时，将矿车推至搅拌器下方，按拟定比例装入水和充填原材料，放下搅拌叶，进行搅拌制浆；完成搅拌作业后，将搅拌叶折叠，沿轨道推离矿车。按上述程序，依次完成各个矿车充填材料的搅拌作业。

3.5.2　井下试验装置

（1）搅拌装置

搅拌装置由电机、搅拌叶、悬挂设备、矿车四部分组成。

电机型号为 Y-1325-4，额定功率为 5.5 kW，转速为 2 900 r/min，悬挂设备采用手拉葫芦（额定起重量为 2 t）。

搅拌时先将搅拌器系在顶板锚杆末端上，通过手拉葫芦将搅拌器升起，将搅拌叶折叠后，将矿车推至搅拌器正下方后，再缓缓放下，调整搅拌器位置让其稳定在矿车两边后，开动搅拌器。可折叠搅拌器的吊装如图 3-8 所示。

图 3-8　可折叠搅拌器的吊装

（2）泵送充填装置

① 泥浆泵及消防管

泥浆泵采用100WQ30-18-3型号,额定电压为660 V,电源频率为50 Hz,泵排出口直径为100 mm,流量为30 m³/h,扬程为18 m,配用电机功率为3 kW。采用双叶片叶轮结构,大大提高了料浆的通过能力,整体结构紧凑、体积小、噪声小、节能效果显著,方便检修和更换。泥浆泵工作运行时必须完全潜入水中,但潜水深度不得超过10 m。介质温度不超过40 ℃,密度≤1 150 kg/m³,pH值为5～12。泥浆泵接通后的旋转方向从进水口看为逆时针转动,如果电泵反转,只需将电缆线中的任何两根线的接线位置对调一下即可。

消防管采用聚氨酯等聚合材料制成,直径为10 cm。因为是软管,所以容易在急拐弯处打结影响充填流量。在充填时,在急拐弯处需有人看护,防止打结。

② 模板及充填袋

用长为50 cm、厚为3 cm、宽为10 cm的木板做充填模板,挂袋前将其用铁钉钉在木顶子上,主要用来使充填料浆成形,当料浆初凝可以实现自稳时,可将其拆除。

充填袋采用聚乙烯面料,接口处用帆布线缝制,袋一端缝接直径为20 cm、长为60 cm的进料口用来与充填管路对接,方便充填进料,另一头缝接直径为10 cm、长为100 cm的出气口。挂袋安装前,为防止漏水,提高密封效果,要认真检查充填袋有无破损,对破损处要做缝补处理。充填袋安装前要首先检查顶、底板,对脱落的顶板废石要清理干净,防止尖锐废石戳破充填袋,必要时铺设垫层。

3.5.3　试验过程及结果

（1）试验过程

① 配制材料

在实验室按配方比例预先备制试验所用材料,装入不同颜色的编制袋中。将试验所需生石灰加工成粒径为0.1～0.5 cm的碎块,装入防水编织袋中。水泥外加剂及活化剂按配方比例,事先放入专用容器内,加入所需水量,充分溶解。

② 下料入井

试验前一天将在实验室配好的充填物料、搅拌装置、泵送装置、模板、充填袋装入矿车中,通过运输斜巷送入试验区域,并分类摆放。存放KY-S、水泥时需注意防潮。

③ 支模挂袋

在试验区域,支设充填模板,吊装充填袋,如图 3-9 所示。

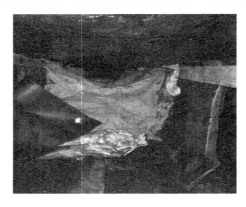

图 3-9 支模挂袋

④ 搅拌活化

先将水注入矿车,再加入粉煤灰和活化剂,搅拌约 10 min,静置 4 h。

⑤ 搅拌制浆

加入石灰、石膏、水泥、KY-S、KY-ZH,搅拌约 5 min,获得充填浆液,如图 3-10所示。

图 3-10 搅拌制浆

⑥ 泵送充填

用泥浆泵将充填材料成浆泵送至充填袋。

（2）试验结果

通过充填材料井下性能试验,验证在井下环境条件下材料强度与凝结时间等性能参数的稳定性,并获得材料接顶情况、拆模时间等性能参数,综合评价充填材料的井下充填效果。

以七台河矿区充填材料井下性能试验为例,试验过程中,在井下分别提取充填材料成浆,其中取部分成浆用维卡仪测定初凝时间;剩余浆液注入 7.07 mm×7.07 mm×7.07 mm 三联试模,在井下试验区养护。试模养护达到规定龄期后,送至实验室测定单轴抗压强度,结果如表 3-23 所列。试块在抗压强度试验后,掰开可看到试块内部有许多白色点状物,如图 3-11 所示,这是未消化的石灰,说明在生产中石灰块粒径较大,建议在工业应用中应破碎至较小粒径。

表 3-23　平均单轴抗压强度及凝结时间

平均单轴抗压强度/MPa				平均凝结时间/min	
8 h	24 h	3 d	28 d	平均初凝时间	平均终凝时间
1.10	3.36	4.38	6.38	100	120

图 3-11　试块内部

试验结果表明,充填材料 3 d 内的抗压强度较实验室略高(这可能是由于现场搅拌更加充分),后期强度稳定增长。充填材料的凝结时间较实验室略短,这是因为井下的养护温度较低。充填材料在 90 min 就有自承能力,可将模板拆掉,接顶率超过了 95%,如图 3-12 所示。材料井下性能试验说明,七台河矸石电厂生产的粉煤灰为主料的富水速凝胶结充填材料,各项性能已具备井下充填应用的条件。

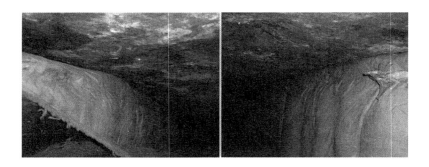

图 3-12　拆模后充填体效果

4　粉煤灰活化及富水速凝胶结材料形成机理

4.1　粉煤灰活化机理及影响因素

4.1.1　粉煤灰活化机理

粉煤灰早期活性激发的机理主要是破坏粉煤灰中的玻璃体网络结构,即碱性物质使之破键解聚生成活性单体或双聚体结构,促进粉煤灰参与水泥浆体系早期水化反应。本书以 Na_2SiO_3、Na_2SO_4、$CaSO_4$、明矾、$NaCl$ 中的一种或几种作为粉煤灰的活化剂,制成浆前先与粉煤灰在常温下搅拌陈放 $4\sim 8\ h$,既可有效使粉煤灰颗粒表面腐蚀,破坏多聚体结构,又能促进粉煤灰早期水化产物的生成,从而有效增强材料的早期强度。

Na_2SiO_3 可水解生成 $NaOH$,使液相的 OH^- 增多,pH 值为 13,因此 Na_2SiO_3 的激发实质上是强碱的激发。粉煤灰的化学成分呈弱酸性,在 OH^- 的作用下,粉煤灰表面 Si—O 和 Al—O 键断裂,Si—O—Al 网络聚合体的聚合度降低,而且 OH^- 浓度越大,对 Si—O 和 Al—O 键破坏作用越强。$NaOH$ 的作用可归结为下列反应:

(1) 表面硅烷醇基团的中和反应

$$—\overset{|}{\underset{|}{Si}}—OH + NaOH \longrightarrow —\overset{|}{\underset{|}{Si}}—ONa + H_2O$$

这种酸碱中和反应在表面上反复进行,也就是碱对粉煤灰表面的侵蚀过程。

(2) 内部硅烷键逐步破坏导致 $[(Si,Al)O_4]_n$ 结构解体

$$—\overset{|}{\underset{|}{Si}}—O—\overset{|}{\underset{|}{Si}}— + 2NaOH \longrightarrow 2(—\overset{|}{\underset{|}{Si}}—ONa) + H_2O$$

由于 —Si—ONa 可溶,Na$^+$ 被 Ca^{2+} 置换,生成水化硅酸钙沉淀。这样,Ca(OH)$_2$ 不断溶解出 Ca^{2+}、OH$^-$,OH$^-$ 留在液相中使 pH 值较高,而 Ca^{2+} 置换出的 Na$^+$ 可反复使用,使上述反应不断进行。因此,NaOH 加速了粉煤灰与 Ca(OH)$_2$ 的反应。

有学者研究认为,NaOH 作用下火山灰吸收反应分 2 个阶段进行:第一阶段主要是粉煤灰中具有不饱和键的硅酸根和铝酸根与 Ca(OH)$_2$ 的快速反应,网络状铝硅酸盐基本不参与反应;第二阶段的反应主要是在 OH$^-$ 作用下,部分网络状玻璃体结构解体,并与溶液中的 Ca^{2+} 生成水化硅酸钙和水化硅酸铝等胶凝性产物,这一阶段涉及硅氧四面体和铝氧四面体在 OH$^-$ 侵蚀下,四面体自由度逐渐增加,直至 Si—O—Si 键的减少以 H$_2$SiO$_4^-$ 的形式进入液相等一系列过程,反应速度缓慢。Na$^+$ 和 K$^+$ 等阳离子对提高玻璃体的反应活性也有一定的作用,它们是硅酸盐玻璃网络的改性剂,促使网络解聚。

碱对粉煤灰的激发效果受多种因素的影响:水化体系中 Ca^{2+} 应维持一定浓度。如果在粉煤灰中单独加 NaOH 或 KOH,尽管玻璃体结构能够解体,但不能生成具有强度的水化产物;体系的反应程度随碱浓度的提高而提高。水化体系成形后,养护温度在 90 ℃ 以内,硬化体的强度随养护温度的提高而增大,在室温下几乎没有水化反应发生,如 NaOH 和 KOH 激发体系,养护温度为 65 ℃ 时直到 24 h 后才产生强度,而 85 ℃ 时 2 h 就有较高的强度;高温养护时,养护时间越长,平均强度越高。

Na$_2$SiO$_3$ 能水解成硅胶,这些硅胶可与 Ca^{2+} 生成 C—S—H 凝胶,由于 Na$_2$SiO$_3$ 的双重作用使其激发效果优于 NaOH。

硫酸盐激发剂常用的有石膏和 Na$_2$SO$_4$,硫酸盐对在陈放期间的粉煤灰的激发效果微小,只有在加入水泥和石灰等制得成浆后,SO$_4^{2-}$ 与石灰或水泥水化出的 Ca^{2+},与夹杂在粉煤灰颗粒表面的凝胶及溶解于液相中的 Al^{3+} 发生反应生成 AFt,反应式如下:

$$Ca^{2+} + 2Al^{3+} + 12OH^- + 3SO_4^{2-} + 26H_2O \longrightarrow$$
$$3CaO \cdot Al_2O_3 \cdot 3CaSO_4 \cdot 32H_2O$$

首先,粉煤灰颗粒表面形成纤维状或网络状包裹层,其紧密度要小于水化硅酸钙层,有利于 Ca^{2+} 扩散到粉煤灰颗粒内部,与内部活性 SiO$_2$ 和 Al$_2$O$_3$ 反应,使得粉煤灰的活性激发得以继续发挥;其次,SO$_4^{2-}$ 也能置换出 C—S—H 凝胶中的部分 SiO$_4^{2-}$,被置换出的 SiO$_4^{2-}$ 在外层又与 Ca^{2+} 作用生成 AFt。

Na_2SO_4 可与 $Ca(OH)_2$ 反应生成 $NaOH$，反应式如下：

$$Na_2SO_4 + Ca(OH)_2 + 2H_2O \rightarrow CaSO_4 \cdot 2H_2O + NaOH$$

该反应增加了体系的碱性，而生成的 $CaSO_4 \cdot 2H_2O$ 为分散性比普通石膏更好的化学石膏，而 $Ca(OH)_2$ 反应生成高度分散的 $CaSO_4$。这种 $CaSO_4$ 比外掺的石膏更容易生成 AFt。因此 Na_2SO_4 与 Na_2SiO_3 一样是强碱与盐的双重激发。

常用的氯盐激发剂有 $CaCl_2$ 和 $NaCl$。$CaCl_2$ 对粉煤灰火山灰反应影响较小，其激发作用主要通过形成水化氯铝酸盐、提高体系 Ca^{2+} 浓度和降低水化产物的 ξ 电位来实现。氯盐中的 Ca^{2+} 和 Cl^- 扩散能力较强，能够穿过粉煤灰颗粒表面的水化层，与内部的活性 Al_2O_3 反应生成水化氯铝酸钙，反应式如下：

$$Ca^{2+} + Al_2O_3 + Cl^- + OH^- \rightarrow CaO \cdot Al_2O_3 \cdot CaCl_2 \cdot 10H_2O$$

水化氯铝酸钙使水化物包裹层内外渗透压增大，并可能导致包裹层破裂，从而促进水化。研究表明，加入 $CaCl_2$ 粉煤灰-石灰系统形成了固态 C_4AH_{13}—$C_3A \cdot CaCl_2 \cdot 10H_2O$。由于 $CaCl_2$ 使体系 Ca^{2+} 浓度提高，C_4AH_{13} 的形成可以提前，还可以与 $Ca(OH)_2$ 反应生成不溶于水的氧氯化钙复盐，从而增加胶凝体系的固相成分，使水化体系强度提高。研究表明，$CaCl_2$ 对低钙粉煤灰(LFA)的激发效果要比高钙粉煤灰(HFA)的明显，这可能与 $CaCl_2$ 能为前者提供生成水化物所需的 Ca^{2+} 有关，$CaCl_2$ 能提高粉煤灰体系的早期和中期强度，尤其对 LFA 的后期(90 d、180 d)强度提高作用显著。有学者用 $CaCl_2$ 激发废弃粗粉煤灰时发现，$CaCl_2$ 的掺入只略微提高了强度，远不及 Na_2SO_4 的激发效果，这可能与 $CaCl_2$ 对强度的贡献主要在于形成类似钙钒石结构的 $3CaO \cdot Al_2O_3 \cdot CaCl_2 \cdot 10H_2O$ 产物，而废弃粗粉煤灰则由于颗粒大、活性低而难于提供足量的铝酸盐有关。

4.1.2　粉煤灰活化的影响因素

（1）活化时间

活化温度为常温(15~25 ℃)，在扫描电镜下分别观察七台河矸石电厂粉煤灰未活化及活化 2 h、4 h、8 h、24 h 的微观形态。

以七台河矸石电厂粉煤灰为例，按照本书 3.5 配方及活化方法工艺，在称取所有原材料后，先将粉煤灰、水、活化剂搅拌后，在温度为 15~25 ℃，湿度为 85%~90% 的环境中陈放，用扫描电镜(SEM)观察粉煤灰活化前后粉煤灰颗粒的微观形貌，如图 4-1 所示。

图 4-1　粉煤灰不同活化龄期的 SEM 图

（a）粉煤灰未活化；（b）粉煤灰活化 2 h；（c）粉煤灰活化 4 h

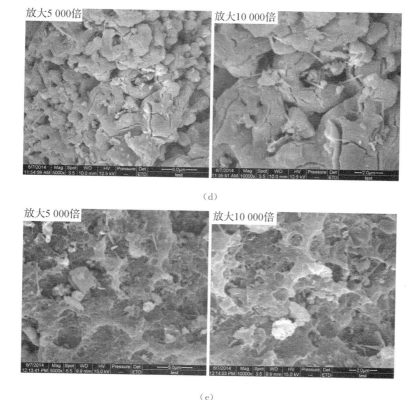

图 4-1(续)

(d)粉煤灰活化 8 h;(e)粉煤灰活化 24 h

随着活化时间的增加,粉煤灰颗粒表面的溶蚀现象越来越明显。图 4-1(a)的粉煤灰颗粒表面不规则且疏松多孔;图 4-1(b)粉煤灰颗粒表面已开始溶出一定反应物,粉煤灰颗粒结构已不再疏松多孔;图 4-1(c)粉煤灰颗粒表面的溶蚀现象更加明显,已看不清粉煤灰颗粒的外观,且在粉煤灰周围存在柱状反应物;图 4-1(d)粉煤灰颗粒已基本溶蚀,形成"回"状结构;图 4-1(e)粉煤灰已完全溶蚀,形成较致密结构。

通过强度试验,证明了不是粉煤灰的活化时间越长越有利于达到充填材料所需的最终性能。粉煤灰活化时间越长,粉煤灰活化浆越黏稠,形成的充填材料成浆凝结时间短,流动性差,不利于管路输送。

(2)粉煤灰种类(4 h,标准养护条件)

国电双鸭山发电厂的粉煤灰属于低钙粉煤灰,大唐鸡西发电厂的粉煤灰属于高钙粉煤灰,两种粉煤灰的含量及微观结构如表 4-1、图 4-2 所示。

表 4-1　低钙及高钙粉煤灰的化学组成　　　　单位:%

种类	SiO$_2$	Al$_2$O$_3$	Fe$_2$O$_3$	CaO	MgO	Na$_2$O	K$_2$O	SO$_3$	烧失量	合计
低钙粉煤灰	37.2	24.5	8.4	8.3	1.6	1.20	1.6	12.2	2.7	97.70
高钙粉煤灰	42.4	17.1	13.8	19.7	1.9	0.86	0.8	2.2	0.5	99.26

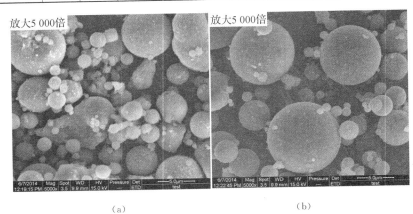

(a)　　　　　　　　　　　　　(b)

图 4-2　高钙及低钙粉煤灰微观结构

(a) 高钙粉煤灰;(b) 低钙粉煤灰

用同一种活化剂在相同条件下对高钙及低钙粉煤灰分别活化 4 h 后的微观结构用显微镜拍照,如图 4-3 所示。

(a)　　　　　　　　　　　　　(b)

图 4-3　高钙及低钙粉煤灰活化后微观结构

(a) 高钙粉煤灰活化 4 h;(b) 低钙粉煤灰活化 4 h

SEM 结果对比表明：高钙及低钙粉煤灰在活化前形貌都比较规整，无明显差异。

在同一活化剂搅拌陈放活化 4 h 后，高钙粉煤灰颗粒已经基本溶蚀，只有少量颗粒还可辨识；低钙粉煤灰颗粒表面被溶蚀后聚集到一块，颗粒还能辨识。因此，即使是相同活化剂和相同活化条件，粉煤灰种类是影响活化效果的较显著因素。

（3）活化温度

以七台河矸石电厂粉煤灰为例，用相同活化剂分别在温度为 0 ℃、40 ℃，湿度为 85%～90% 的环境对粉煤灰活化 4 h，其微观结构如图 4-4 所示。

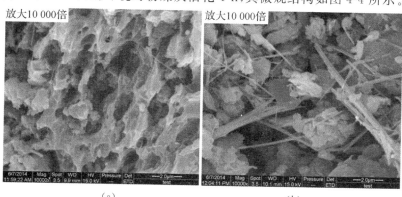

图 4-4　不同活化温度粉煤灰的微观结构
（a）活化温度为 0 ℃；（b）活化温度为 40 ℃

由图 4-4（a）可知，活化温度为 0 ℃，粉煤灰颗粒疏松多孔，与未活化粉煤灰颗粒形态相似；由图 4-4（b）可知，活化温度为 40 ℃，粉煤灰颗粒已完全溶蚀，并且形成大量针柱状的钙矾石。因此，活化温度越高，粉煤灰颗粒溶蚀现象越明显，反应物也越多，活化效果也越明显。

4.2　钙矾石的形成及影响因素

4.2.1　钙矾石的形成

钙矾石水化物早在 19 世纪末就已被人们发现，其常用的化学式为 $3CaO \cdot Al_2O_3 \cdot 3CaSO_4 \cdot 32H_2O$，属于六方晶系，一般呈针状晶形，折射率 $n_g = 1.464$，$n_p = 1.458$，密度为 1.73 g/cm^3（25 ℃），X 射线衍射谱上主要特征线为 0.98 nm、0.52 nm、0.28 nm,差热分析曲线上在 160 ℃左右有 1 个吸热谷。在硫铝酸盐水泥水化体中的高硫型水化硫铝酸钙的吸热谷为 110～130 ℃。

富水速凝胶结充填材料早期的水化反应,除了活化后粉煤灰产生水化硅酸钙、少量钙矾石外,还有硫铝酸盐水泥中的主要矿物($C_4A_3\bar{S}$)与石灰水化后生成的 $Ca(OH)_2$ 以及 $CaSO_4$ 在促凝剂的作用下迅速发生反应短时间内生成大量的 AFt 和 AFm,从而使大量的自由水转变为钙矾石的结构水,使得混合浆体迅速稠化而胶凝。反应早期主要生成钙矾石,后期以钙矾石、$Ca(OH)_2$、氢氧化铝凝胶以及 C—S—H 凝胶为主。

一般反应式如下:

$$3CaO \cdot 3Al_2O_3 \cdot CaSO_4 + 2CaSO_4 + 38H_2O \rightarrow$$
$$3CaO \cdot Al_2O_3 \cdot 3CaSO_4 \cdot 32H_2O + 4Al(OH)_3$$
$$3CaO \cdot 3Al_2O_3 \cdot 3Al_2O_3 \cdot CaSO_4 + 2CaSO_4 + 18H_2O \rightarrow$$
$$3CaO \cdot Al_2O_3 \cdot 3CaSO_4 \cdot 12H_2O + 4Al(OH)_3$$
$$3Ca(OH)_2 + 3CaSO_4 + 2Al(OH)_3 + 26H_2O \rightarrow$$
$$3CaO \cdot Al_2O_3 \cdot 3CaSO_4 \cdot 32H_2O$$
$$2CaO \cdot SiO_2 + nH_2O \rightarrow C—S—H + Ca(OH)_2$$

$C_4A_3\bar{S}$ 水化时在石膏存在的情况下,钙矾石的形成速度大大加快,而且产生的钙矾石呈细长晶体,这种针状晶体相互交叉,有较大的接触面,起到了很好的骨架作用;同时反应还生成氢氧化铝凝胶,这种凝胶填充在相互交叉的钙矾石晶体之间,对强度提高起到十分重要的作用。由于硫铝酸盐水泥熟料烧成温度(1 350 ℃)较低,所形成的 C_2S 活性较高,水化较快,较早地生成 C—S—H 凝胶,这种凝胶与 $C_4A_3\bar{S}$ 水化时生成的氢氧化铝凝胶一起填充在水化硫铝酸钙中,加固和致密了硬化体的结构,早期强度高就是由于形成大量的钙矾石所致,C—S—H 凝胶的生成保证了高水材料的后期强度。

4.2.2 石灰和石膏对钙矾石形成的影响

改变本书基本配方中石灰与石膏的量,试验材料同 3.2:方案一为石灰的量提高 30%,石膏的量降低 30%,使石灰在浆料中饱和;方案二为石膏的量提高 40%,石灰的量下降 30%,使石膏在浆料中饱和。按照两个方案配比,制成浆液后在标准养护环境下养护 7 d,扫描电镜下形貌,如图4-5所示。

钙矾石晶体外形与形成条件密切相关。在饱和石灰溶液中,3CaO·Al_2O_3·3CaSO_4·32H_2O 形成速度较快,往往为细针状晶体;而在低浓度石灰溶液中,3CaO·Al_2O_3·3CaSO_4·32H_2O 形成的速度较慢,一般生成较粗

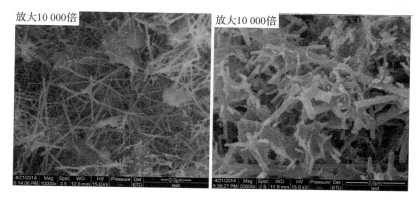

图 4-5　不同石灰及石膏量的微观结构照片

的长柱状晶体。

另外，在有 Fe_2O_3 的条件下，$3CaO \cdot Al_2O_3 \cdot 3CaSO_4 \cdot 32H_2O$ 中的 Al_2O_3 会部分被 Fe_2O_3 所取代，形成 $3CaO \cdot (Al_2O_3, Fe_2O_3) \cdot 3CaSO_4 \cdot 32H_2O$。

4.3　富水速凝胶结材料的形成机理

4.3.1　结合水量和 CH 量分析

充填材料加水拌合后即发生一系列的物理化学反应，形成具有一定强度的硬化体，硬化体的力学性能与水化产物、微结构有密切关系，水化产物和微结构随水化过程的进行不断变化。在水化性能的研究方面，大量研究表明，用结合水量可以很好地反映材料的水化程度；从结合水随时间变化的快慢可以反映出水化反应的快慢。因此，研究材料水化硬化过程，可从胶结材料结合水量和 CH 量、水化产物和微观结构两个方面进行。

本节主要通过对材料的水化性能和微观分析来研究材料的形成机理。

将第 3 章基本配方中不加活化剂或将活化剂的种类减少，制定试验方案后，按试验步骤制成试验块后放入标准养护室中，对养护龄期为 8 h、24 h、3 d、7 d、28 d 的试验块分别用灼烧失重法和 EDTA 配位滴定法测定配方的化学结合水量和 CH 量，并分析试验结果。

4.3.1.1　灼烧失重法测定配方的化学结合水量

（1）试验步骤及试验结果

按第 3 章配比测定其抗压强度后，取其碎块立即浸泡在无水乙醇中，先中止水化,再磨细置于烘箱中,在 105 ℃时烘 24 h 至恒重,然后再将样品置于高温炉中,升温至 1 000 ℃并保持 20 min,冷却后称重。

以单位质量的胶凝材料表示时,化学结合水量计算公式为

$$W_{nel} = \frac{W_1 - W_2}{W_2} - \frac{R_{fc}}{1 - R_{fc}}$$

式中 W_{nel}——单位质量胶凝材料的化学结合水量,%;

$\qquad$ W_1——105 ℃烘干后质量,g;

$\qquad$ W_2——1 000 ℃烘干后质量,g。

$$R_{fc} = P_f R_f + P_c R_c$$

式中 R_f,R_c——粉煤灰和水泥的质量分数;

$\qquad$ P_f,P_c——粉煤灰和水泥的烧失量,%。

(2)试验结果分析

从表 4-2、图 4-6 可知,无陈放时间时,加活化剂与不加活化剂的结合水量基本变化不大;陈放时间为 4 h 时,不加激发剂时结合水量与前相同,单独加入激发剂时结合水量显著增加,加入复合激发剂后结合水量较单一加入激发剂又大大增强。这说明复合激发剂促使材料的水化反应大大增强。

表 4-2　不同养护时间的结合水量

编号	激发剂种类	陈放时间/h	不同养护时间结合水量/%				
			8 h	24 h	3 d	7 d	28 d
A1	0	0	22.1	22.7	22.9	23.1	23.3
A2	HHJ-1、HHJ-2	0	24.3	24.8	25.3	25.4	25.6
A3	HHJ-3、HHJ-4	0	24.0	24.1	24.3	24.5	24.7
A4	HHJ-1、HH-2、HHJ-3、HHJ-4	0	24.6	24.9	25.2	25.3	25.5
B1	0	4	22.0	22.8	22.9	23.4	23.6
B2	HHJ-1、HHJ-2	4	26.2	28.0	28.7	29.1	29.2
B3	HHJ-3、HHJ-4	4	26.9	28.2	28.9	29.0	29.0
B4	HHJ-1、HHJ-2、HHJ-3、HHJ-4	4	29.1	30.5	30.9	31.0	31.3

4.3.1.2　CH 量的测定——EDTA 配位滴定法

(1)试验步骤

① 滴定主要反应。

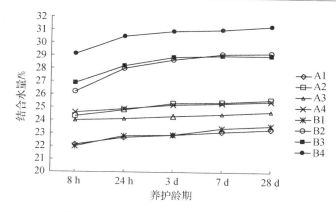

图 4-6 不同养护时间的结合水量趋势图

$$pH>13\text{ 时},Ca^{2+}+CMP\underset{\text{（红色）}}{\xrightarrow{\text{可逆}}}\underset{\text{（绿色荧光）}}{[Ca\text{-}CMP]^{2+}}$$

$$Ca^{2+}+H_2Y^{2-}\xrightarrow{\text{可逆}}CaY^{2-}+2H^+$$

化学计量点时：$[Ca\text{-}CMP]^{2+}+H_2Y^{2-}\underset{}{\overset{\text{可逆}}{\longleftrightarrow}}CaY^{2-}+CMP+2H^+$

② 试剂：盐酸（1＋1）；氟化钾（150 g/L）；三乙醇胺（1＋2）；氢氧化钾溶液（200 g/L）；CPM 混合指示剂（1 g 钙黄绿素，1 g 甲基百里香酚蓝，0.2 g 酚酞，与 50 g 已在 105～110 ℃烘干过的硝酸钾混合研细，保存于磨口瓶中）；0.015 mol/L EDTA（乙二胺四乙酸二钠）标准滴定溶液（称取 5.6 g 乙二胺四乙酸二钠置于烧杯中，加水约 200 mL，加热溶解过滤，用水稀释至 1 L）。

氢氧化钙的质量分数按下式计算：

$$\omega_{Ca(OH)_2}=\frac{T_{Ca(OH)_2}\times V\times 10}{m\times 1\,000}\times 100\%$$

式中 $\omega_{Ca(OH)_2}$——氢氧化钙的质量分数，%；

$\quad\quad T_{Ca(OH)_2}$——每毫升 EDTA 标准溶液相当于 $Ca(OH)_2$ 的质量浓度，g/L；

$\quad\quad V$——滴定时消耗的 EDTA 体积，mL；

$\quad\quad 10$——全部试样溶液与所取试样溶液的体积比；

$\quad\quad m$——试样质量，g。

（2）试验结果分析

从表 4-3、图 4-7 可知，无陈放时间时，加活化剂与不加活化剂的 CH 量基本变化不大；陈放时间为 4 h 时，不加激发剂时 CH 量与前相同，单独加入激发剂时 CH 量显著减少,加入复合激发剂后 CH 量较单一加入激发剂又大大减少。

表 4-3 不同养护时间的 CH 量

编号	激发剂种类	陈放时间/h	不同养护时间 CH 量/%				
			8 h	24 h	3 d	7 d	28 d
C1	0	0	11.5	10.3	9.1	8.9	8.4
C2	HHJ-1、HHJ-2	0	11.0	8.5	8.0	7.6	7.5
C3	HHJ-3、HHJ-4	0	10.4	9.3	8.4	7.1	6.9
C4	HHJ-1、HHJ-2、HHJ-3、HHJ-4	0	9.7	9.0	8.3	7.0	6.5
D1	0	4	11.6	10.2	9.3	9.0	8.4
D2	HHJ-1、HHJ-2	4	8.9	7.4	6.6	6.1	5.8
D3	HHJ-3、HHJ-4	4	8.7	7.3	6.4	6.2	6.0
D4	HHJ-1、HH-2、HHJ-3、HH-4	4	5.9	4.3	3.5	3.0	2.3

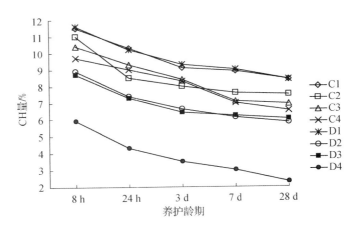

图 4-7 配方不同养护时间的 CH 量趋势图

4.3.2 SEM 分析

富水速凝胶结材料不同龄期的 SEM 图如图 4-8 所示。

由扫描电镜分析可知:富水速凝胶结材料水化 8 h,粉煤灰未水化颗粒被呈细小交叉和放射状生长的针状钙矾石包裹。材料水化 24 h,水化产物中针状钙矾石的尺寸明显增大,逐渐产生的 C—H—S(水化硅酸钙)凝胶使针状钙

放大5 000倍 放大10 000倍

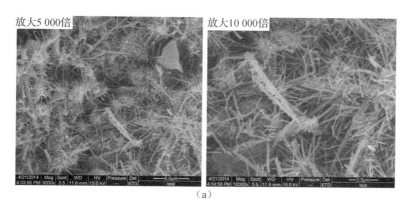

（a）

放大5 000倍 放大10 000倍

（b）

放大5 000倍 放大10 000倍

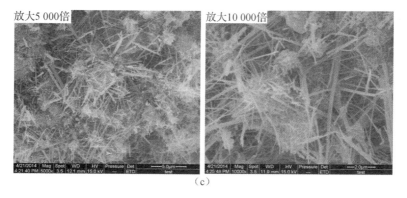

（c）

图 4-8 富水速凝胶结材料不同龄期的 SEM 图
（a）养护 8 h;（b）养护 24 h;（c）养护 3 d

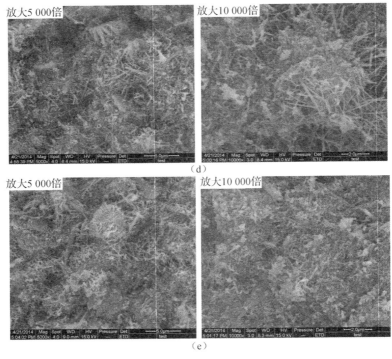

图 4-8（续）

(d) 养护 7 d;(e) 养护 14 d

矾石成"簇"状分布。材料水化 3 d,结构进一步致密,钙矾石进一步横向、纵向生长,胶凝进一步增多;材料水化 7 d,针状钙矾石逐渐被局部生成的凝胶包裹;材料水化 14 d,凝胶进一步增长,已将针状形貌完全包裹。从水化物生成的微观结构来看,各种水化物交织生长、相互耦合,共同促进了硬化体的增长,并没有因为不同原材料水化产物生成的早晚而相互影响和破坏。

4.4 富水速凝胶结材料的热力学分析

热力学是研究物质进行化学反应时能量的转换关系,从能量的交换角度来判断化学变化过程和热交换过程的方向(趋向平衡)及极限(达到平衡)。英国科学家焦耳大约在 1850 年建立了能量守恒定律,即热力学第一定律,应用热力学第一定律确定物理变化(主要指相变化)和化学变化过程中各种能量相互转换的当量关系,重点在于计算化学反应中的热效应。德国科学家克劳修和英国科学家开尔文分别于 1848 年和 1850 年建立了热力学第二定律,应用热力学第二定律确定在指定条件下相变化和化学变化进行的可能性、方向和限度,即研究相平衡和化学平衡建立的条件。

4.4.1 热焓分析

热力学的一个重要参数是热焓(通常用 H 表示),它表示的是能量守恒及转换定理,也称热力学第一定律。它指出能量从一种形式转化为另一种形式,在转换中能量的总和保持不变。对于封闭系统,系统和环境有能量(热和功)的交换。系统从环境吸收的热,等于系统内能的增加和系统对环境所做的功。当系统的压力和容积不变时,系统吸收的能量(热能)全部转变为内能(主要以热焓的方式进行,即系统吸收或放出的热量的变化)。系统的内能有分子动能、分子间能量和分子内能量(包括化学键能、分子中原子振动能)等。

计算热焓时,ΔH 为正,表示体系吸收了外界的能量;ΔH 为负,表示体系向外界释放了能量。计算公式为盖斯定律,表达式如下:

$$\Delta H = \sum \Delta H_{产物} - \sum \Delta H_{反应物}$$

粉煤灰的物相组成包括玻璃体、莫来石、赤铁矿和石英等。它的原料是煤中的黏土矿物伊利石、高岭土、蒙脱石、石英、黄铁矿以及碳酸盐等。根据盖斯定律可计算粉煤灰的内能。粉煤灰原料的黏土矿物组成、化学分子式和热焓如表 4-4 所列。

表 4-4　粉煤灰原料的黏土矿物组成、化学分子式和热焓

矿物组成	分子式	$\Delta H/(kJ/mol)$	质量分数/%
高岭石、蒙脱石	$Al_2O_3 \cdot 2SiO_2 \cdot nH_2O$	−4 140.7	40
伊利石	$2Al_2O_3 \cdot 6SiO_2 \cdot nH_2O$		20
石英	SiO_2	−911.1	15
碳酸盐	$Ca(Mg)CO_3$	−2 328	15
黄铁矿	FeS	−922.6	10

粉煤灰的生成热焓按照玻璃的生成热焓计算:

$$\Delta H_{玻璃} = \Delta H_{粉煤灰} = -901.6(kJ/mol)$$

粉煤灰生成的热效应:

$$\Delta H = \Delta H_1 - \Delta H_2$$
$$= -901.6 - [0.6 \times (-4\ 140.7) + 0.15 \times (-911.1) +$$

$$0.15 \times (-2\ 328) + 0.1 \times (-922.6)]$$
$$= 2\ 161(kJ/mol)$$

ΔH 为正值,这说明原煤中的矿物转变为粉煤灰并非自发进行的,而是通过外界给予很高的能量促成的,这就是高温形成的粉煤灰具有活性的主要原因。

由不稳定的高内能变为比较稳定的低内能的过程是水化。水化过程中,充填材料颗粒表面迅速被水包围而溶解,然后逐渐凝结成固体。

硫铝酸盐水泥中的无水硫铝酸钙的主要水化反应如下:

$$3CaO \cdot 3Al_2O_3 \cdot CaSO_4 + 2CaSO_4 + 38H_2O \longrightarrow$$
$$3CaO \cdot Al_2O_3 \cdot 3CaSO_4 \cdot 32H_2O + 4Al(OH)_3$$

化合物的热力学数值见表 4-5。

表 4-5　化合物热力学数值

单位:kJ/mol

化合物	H_2O	$C_4A_3\bar{S}$	$Al(OH)_3$	$C_3A \cdot 3C\bar{S}H_{32}$	$CaSO_4$
ΔH	-286.03	$-8\ 354.4$	$-1\ 273.62$	$-17\ 211.39$	$-1\ 433.64$

根据盖斯定律,计算得:

$$\Delta H = 4\Delta H_{Al(OH)_3} + \Delta H_{C_3A \cdot 3C\bar{S}H_{32}} - (\Delta H_{C_4A_3\bar{S}} + 2\Delta H_{CaSO_4} + 38\Delta H_{H_2O})$$
$$= -215.05(kJ/mol)$$

由上述两种类型的甲料计算出 ΔH 为负值,且其值较大,这说明硫铝型高水充填材料水化时放出的热量较大,即反应体系是向外输送较大能量的。体系向外输送能量后,就变得比较稳定,可形成大量钙矾石。

4.4.2　熵分析

熵是物质的一个状态函数,也是热力学的一个重要参数,用符号 S 表示。与热焓一样,混乱度也是物质的一个重要属性,热力学用熵来表示物质的混乱度。反应过程的熵变值的大小可以定性地表征其有序度降低的程度。每一个反应过程有焓的变化,也有熵的变化。一般认为 $\Delta S > 0$ 并趋于增大时,其有序度降低,在某种意义上表示其结构的稳定性较差。

经计算可知,材料中硫铝酸盐水泥、生石灰烧成反应中熵变值均为正值,说明这些矿物晶体结构排列都不规则,稳定性较差,而活性则较高。

又通过计算可知,材料水化反应后的熵变值为负值,则说明水化反应产物的晶体结构的有序度提高了,在某种意义上来说材料稳定性好,且失去了大部分水化活性。

4.4.3　吉布斯自由能分析

吉布斯自由能又叫吉布斯函数,是热力学中一个重要的参量,常用 G 表示。它能综合反应体系的热焓和熵两种状态函数,通过它的改变来判断过程的自发性。吉布斯自由能与熵和热焓的关系如下:

$$G = U - TS + PV = H - TS$$

式中　U——系统的内能;

　　　T——热力学温度;

　　　S——熵;

　　　P——压强;

　　　V——体积;

　　　H——热焓。

若体系的状态发生了改变,其吉布斯自由能的改变用 ΔG 表示。在等温等压不做功的条件下,$\Delta G = 0$ 表示系统处于平衡状态;如果 $\Delta G > 0$,表示过程是非自发的;如果 $\Delta G < 0$,表示过程是自发进行的。

在热力学温度为 273 K 和压力为 101 325 Pa 条件下,由稳定单质生成 1 mol 化合物时的自由能变化,被称作标准生成自由能。反应前后吉布斯自由能的变化等于产物和反应物的吉布斯自由能之差,即

$$\Delta G = \sum (n\Delta G)_{产物} - \sum (n\Delta G)_{反应物}$$

材料水化过程中硫铝酸盐中熟料与生石灰、脱硫石膏生成钙矾石、活化剂与粉煤灰生成钙矾石、硅酸钙胶凝、铝酸铝钙胶凝,经计算可知这些水化反应的 ΔG 值均为负值,这说明反应会自发地进行,从高内能向低内能自动流动,使体系逐渐处于稳定状态。这也是粉煤灰具有的活性以及它与活化剂形成稳定胶凝硬化体的根本原因。

5 富水速凝胶结材料基本特性

5.1 富水速凝胶结材料的力学特性

5.1.1 富水速凝胶结材料单轴抗压特性

（1）抗压试验原理

单向抗压强度试验采用标准加载和计算方法，其值等于极限载荷除以试块横截面积：

$$\sigma = \frac{F_n}{A}$$

式中　σ——单向抗压强度；

　　　F_n——破坏载荷；

　　　A——试块横截面积。

弹性模量和泊松比试验采用电测法，即在试块一组相对侧表面中部分别粘贴纵向和横向应变片，对试块加载并记录应变片读数，取同方向的两个应变片读数平均值作为试块的轴向和横向应变，测量结果分别计算如下：

$$E = \frac{\sigma}{\varepsilon}$$

$$\mu = \left| \frac{\varepsilon'}{\varepsilon} \right|$$

式中　E——弹性模量；

　　　μ——泊松比；

　　　ε——轴向线应变；

　　　ε'——横向线应变。

实际测量中采用增量法，即保持每次的加载增量 $\Delta\sigma$ 不变，观测应变增量 $\Delta\varepsilon$，将每个应变增量取均值作为测量值代入上式计算。

（2）材料变形特性

试验试样在实验室内制作完成,按照第 3 章基本配比,制作充填浆液,装入 7.07 cm×7.07 cm×7.07 cm 的模具内,制作 9 个试块,每 3 个试块 1 组,放入养护箱内进行标准养护,将测量弹性模量和泊松比的试验试样在养护箱内标准养护 28 d。采用 50 kN 的电子万能试验机测得充填体材料的弹性模量 $E=4.38$ GPa,泊松比 $\mu=0.33$。

充填体不但要具有一定的强度,同时也要具有适应围岩变形特点的可缩性。材料硬化体的应力-应变曲线反映了硬化体在承受不同应力作用下所表现出的不同应变形式。按最终配方,通过实验室试验方法得到陈放 4 h 后材料的初凝时间约为 92 min,终凝平均时间为 113 min。试验试样各龄期的应力应变曲线如图 5-1 所示。由图可知材料的全应力-应变曲线可分为 4 个阶段:第一阶段为压缩阶段,曲线曲率逐渐增大,应力增加逐渐大于应变增加量;第二阶段为弹性阶段,曲线曲率近似为常数,应力与应变基本呈线性关系;第三阶段为塑性变形阶段,曲线曲率逐渐减小,试样到达抗压强度峰值;第四阶段为屈服破坏阶段,曲线曲率逐渐增大,试样产生明显裂纹,直至完全破坏丧失强度,如图 5-2 所示。

从各龄期应力-应变图可知,材料硬化体达到屈服极限后并没有立即发生脆性破坏,只是出现一定程度的破坏,并未完全失去承载力,还具有一定的残余强度。

(3)强度特性

试验试样不同龄期的抗压强度如图 5-3 所示。3 d 内材料强度发展迅速,后期强度稳定增长。材料在 1.5 h±10 min 能实现初凝,2 h±10 min 能实现自立并承压,能拆去模板。材料的这种特性使得材料能及时置换矿岩使上覆岩层与充填体重新达到新的应力平衡,构成新的地质体,防控地表沉陷。

5.1.2 富水速凝胶结材料三轴抗压特性

试验采用第 3 章基本配比,通过直径为 50 mm、高为 100 mm 圆模制成试样,试样在温度 20 ℃、湿度 90% 的条件下养护。不同养护龄期的试样在 RMT-201 岩石与混凝土力学试验机上进行不同围压条件下的三轴抗压特性试验,试样屈服破坏图如图 5-4 所示,试验结果如表 5-1 所列。可以发现,随着围压的增加,试样的抗压强度明显升高。

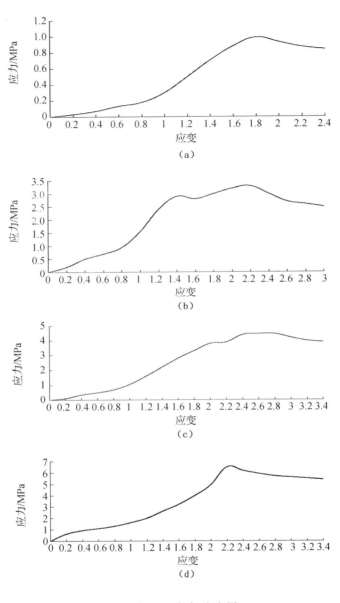

图 5-1　应力-应变图

（a）8 h 龄期；（b）24 h 龄期；

（c）3 d 龄期；（d）28 d 龄期

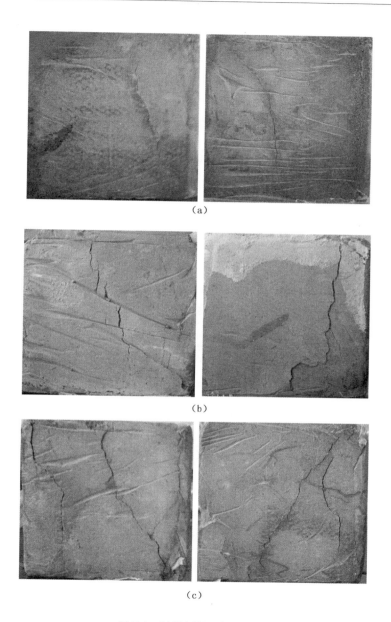

图 5-2 试样屈服后侧面图片

(a) 24 h 龄期;(b) 3 d 龄期;

(c) 28 d 龄期

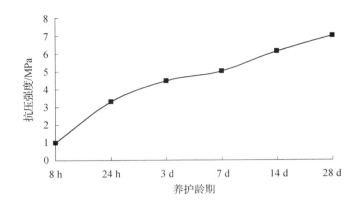

图 5-3　试样不同养护龄期抗压强度

图 5-4　试样在三轴压力下屈服破坏图

表 5-1　不同围压时试样的三轴抗压强度

龄期	围压/MPa	抗压强度/MPa	内摩擦角/(°)	黏聚力/MPa
8 h	0.5	1.79	15.07	1.14
	1.5	2.34		
	3.0	3.89		
	3.5	4.13		

表 5-1(续)

龄期	围压/MPa	抗压强度/MPa	内摩擦角/(°)	黏聚力/MPa
24 h	0.5	5.43	21.04	1.59
	1.5	7.70		
	3.0	11.04		
	3.5	12.30		
3 d	0.5	6.12	30.89	2.33
	1.5	8.78		
	3.0	13.02		
	3.5	13.88		
28 d	0.5	8.99	50.60	3.82
	1.5	13.04		
	3.0	15.33		
	3.5	16.45		

5.1.3 活化温度对材料抗压特性的影响

按第 3 章最终配方比例将激发剂、水、粗粉煤灰搅拌后,倒入塑料盆中,放在不同温度(4～22 ℃)的恒温水浴养护箱中陈放 8 h 后,制得浆料倒入 7.07 mm×7.07 mm×7.07 mm 三联试模(剩下浆料用维卡仪测凝结时间),试样达到规定养护龄期后脱模,然后用压力机做抗压强度试验,试验结果如表 5-2 所列。

表 5-2　不同活化温度时材料的抗压强度

编号	活化温度/℃	8 h 抗压强度/MPa	24 h 抗压强度/MPa	3 d 抗压强度/MPa	28 d 抗压强度/MPa	90 d 抗压强度/MPa	初凝时间/min
A1	4	0.65	2.50	3.51	5.09	6.1	173
A2	6	0.70	2.62	3.64	5.50	7.2	159
A3	8	0.79	2.80	3.74	5.64	9.6	147
A4	10	0.82	2.89	3.89	5.88	11.3	133

表 5-2(续)

编号	活化温度/℃	8 h抗压强度/MPa	24 h抗压强度/MPa	3 d抗压强度/MPa	28 d抗压强度/MPa	90 d抗压强度/MPa	初凝时间/min
A5	12	0.87	2.97	4.01	6.03	13.6	119
A6	14	0.92	3.11	4.24	6.95	14.4	108
A7	16	0.95	3.22	4.45	7.09	14.9	97
A8	18	0.97	3.23	4.46	7.10	15.0	94
A9	20	0.98	3.23	4.45	7.09	15.4	91
A10	22	0.98	3.22	4.47	7.08	15.6	86

材料各龄期的抗压强度在活化温度为 14～22 ℃范围内随温度降低的趋势明显小于活化温度为 4～14 ℃范围内的,如图 5-5 所示,尤其在 28 d、90 d 龄期材料抗压强度的差异表现得尤为明显,如图 5-6 所示。由此可见,活化温度保持在 14 ℃以上(活化温度为 14 ℃时初凝时间为 108 min,满足特性要求)时能充分发挥激发剂对粗粉煤灰的激发效果,这对设计充填活化工艺有着积极的指导意义。

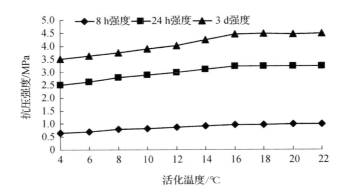

图 5-5　不同活化温度对早期强度的影响

5.1.4　活化时间对材料抗压特性的影响

设定活化时间最长为 8 h,活化温度为 20 ℃(在标准养护箱里陈放),每活

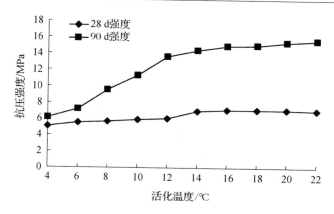

图 5-6 不同活化温度对 28 d,90 d 龄期强度的影响

化 1 h 得到一份活化粗粉煤灰浆,按最终配方比例将其倒入其他干料搅拌后制得的浆料倒入试模,并将试样在标准养护箱中养护,剩下浆料测凝结时间,试验结果如表 5-3 所列。

表 5-3 不同活化时间时材料的抗压强度

编号	活化时间/h	8 h 抗压强度/MPa	24 h 抗压强度/MPa	3 d 抗压强度/MPa	28 d 抗压强度/MPa	90 d 抗压强度/MPa	初凝时间/min
B1	0	0.66	1.83	2.52	3.42	5.12	118
B2	1	0.65	1.96	2.64	3.84	6.94	116
B3	2	0.73	2.49	3.04	4.62	10.83	114
B4	3	0.80	2.81	3.32	4.89	11.34	109
B5	4	0.96	3.20	4.41	6.90	14.99	94
B6	5	0.95	3.19	4.42	6.93	15.00	94
B7	6	0.97	3.21	4.41	6.93	14.98	93
B8	7	0.97	3.21	4.45	7.00	15.03	93
B9	8	0.98	3.22	4.46	7.10	15.40	91

由试验结果分析可知,4 h 的活化时间是抗压强度阈值,材料的活化时间在 4 h 以下各龄期强度远远低于活化 4 h 以上的,试样养护时间越长,活化阈值体现得越明显,如活化 4 h 后的 24 h 抗压强度是活化 3 h 后 24 h 抗压强度

的 1.14 倍,而活化 4 h 后的 28 d 抗压强度是活化 3 h 后的 28 d 抗压强度的 1.41 倍,如图 5-7、图 5-8 所示。由此可见,活化时间保持在 4～8 h 即能充分发挥活化剂对粗粉煤灰的激发效果,这对设计充填活化工艺有着积极的指导意义。

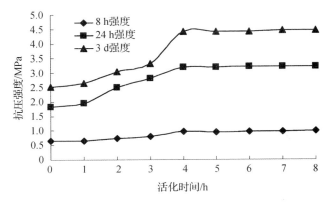

图 5-7　活化时间对早期抗压强度的影响

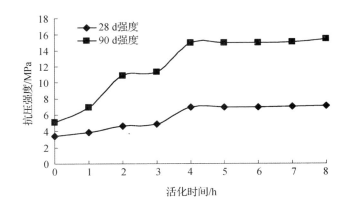

图 5-8　活化时间对 28 d,90 d 龄期强度的影响

5.1.5　粉煤灰种类对材料抗压特性的影响

为了研究粉煤灰种类对材料抗压强度的影响,分别选取七台河矸石电厂低钙粉煤灰和大唐鸡西热电有限责任公司高钙粉煤灰进行抗压强度试验。在相同条件下,将用两种粉煤灰作为原料制成的试样放入温度为 20 ℃的标准养

护箱中养护,在 8 h、24 h、3 d、28 d 四个养护龄期测定其平均单轴抗压强度,试验数据如表 5-4 所列。

表 5-4　试样抗压强度测试表

粉煤灰种类	8 h 抗压强度/MPa	24 h 抗压强度/MPa	3 d 抗压强度/MPa	28 d 抗压强度/MPa
七台河粉煤灰	0.99	3.30	4.46	7.10
鸡西粉煤灰	0.88	2.88	3.22	6.13

试验结果表明,粉煤灰的种类对充填材料的强度均有较大的影响。一般认为高钙灰较低钙灰的活性强,但在试验过程中发现粉煤灰的活性也与 SiO_2、Al_2O_3 的含量,甚至与形成粉煤灰前的煤粉在炉膛中燃烧是否彻底有关。因此,著者认为在选用粉煤灰时不能依靠元素分析来判断活性的大小,更有效直接的方法是在保证其他因素不变的情况下用不同的粉煤灰制成试样来比较抗压强度的大小以确定其粉煤灰活性的大小。

5.1.6　水固比对材料抗压特性的影响

水固比是影响材料抗压强度的显著因素,对一般胶结材料来说,水固比与材料强度成反比,即水固比越大,材料强度越小。但在本试验中水固比却有一个范围值,水固比偏大或偏小都对材料抗压强度产生消极影响。下面以七台河矸石电厂粉煤灰为例,材料的固体料不变而水量从固体料的 0.6 倍到 1.45 倍逐渐增大,得到材料各龄期的抗压强度,如表 5-5 所列。不同水固比下的抗压强度如图 5-9 所示。

表 5-5　不同水固比时材料的抗压强度

编号	水灰比	8 h 抗压强度/MPa	24 h 抗压强度/MPa	3 d 抗压强度/MPa	28 d 抗压强度/MPa
C1	0.65	1.30	2.53	2.60	2.82
C2	0.75	1.20	2.47	2.78	4.68
C3	0.85	0.98	3.40	4.85	7.21
C4	0.95	0.99	3.30	4.46	7.10
C5	1.05	1.04	3.39	4.20	6.99
C6	1.15	0.71	2.01	2.48	5.21
C7	1.25	0.69	1.99	2.38	4.54
C8	1.35	0.30	1.22	1.64	2.88
C9	1.45	0.12	0.97	1.30	1.79

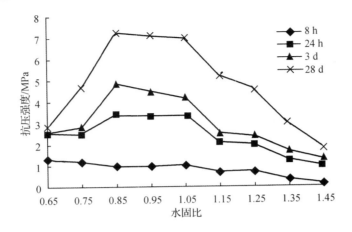

图 5-9   不同水固比时材料的抗压强度

由此可知,材料在水固比为 0.85～1.05 时材料各个龄期抗压强度较高,这是由粉煤灰的活化工艺决定的。要制得成浆需先把配方中的所有水、粉煤灰、活化剂进行活化,然后再加入其他原材料搅拌,水量偏大或偏小都会影响活化剂对粉煤灰的活化效果,继而会影响材料的抗压强度。

5.1.7   搅拌机转速和搅拌时间对抗压特性的影响

选择最优配方,按不同的搅拌机转速和搅拌时间设计试验方案,得到的试验结果如表 5-6 所列。

表 5-6   不同搅拌时间和搅拌强度时材料的抗压强度

试验编号	搅拌时间/min	搅拌机转速/(r/min)	8 h强度/MPa	24 h强度/MPa	72 h强度/MPa	7 d强度/MPa	28 d强度/MPa	初凝时间/min
D1	3	40	0.78	2.87	3.99	5.30	6.11	121
D2	3	50	0.81	2.86	4.02	5.35	6.36	115
D3	3	60	0.85	2.88	4.10	5.42	7.08	111
D4	3	70	0.91	3.10	4.21	5.45	7.08	106
D5	3	80	0.94	3.25	4.37	5.55	7.09	99
D6	10	40	0.90	3.00	4.01	5.29	6.63	113
D7	10	50	0.99	3.28	4.35	5.56	7.06	100

表 5-6(续)

试验编号	搅拌时间/min	搅拌机转速/(r/min)	8 h强度/MPa	24 h强度/MPa	72 h强度/MPa	7 d强度/MPa	28 d强度/MPa	初凝时间/min
D8	10	60	0.97	3.30	4.40	5.60	7.09	95
D9	10	70	0.98	3.33	4.12	5.02	7.09	91
D10	10	80	1.00	3.35	4.10	5.03	7.08	82
D11	20	40	0.76	2.80	3.02	4.90	5.98	98
D12	20	50	0.79	2.81	3.09	5.00	6.03	90
D13	20	60	0.81	2.84	3.99	5.11	6.66	88
D14	20	70	0.80	3.01	4.10	5.15	6.72	83
D15	20	80	0.77	2.87	3.74	4.98	6.11	78

从试验结果可以得知,搅拌时间为 3 min 时,随着搅拌机转速的增加,材料抗压强度显著增加,初凝时间随之递减,说明搅拌促使水化反应速度加快;同样,搅拌时间为 10 min 时,随搅拌机转速的增加,试样 24 h 内强度有一定增长,此后增长并不明显,但初凝时间呈明显递减态势,转速为 80 r/min 时,初凝时间小于 90 min;搅拌时间为 20 min 时,随搅拌机转速的增加,各龄期强度均为先增加后减少,而初凝时间不断减小,较搅拌时间为 10 min 各龄期强度和初凝时间普遍减少,见图 5-10 和图 5-11。

从各方案抗压强度和初凝时间综合比较可得搅拌机转速为 50～70 r/min、搅拌时间为 10 min,能满足充填材料强度的要求。

5.1.8 充填体高度对材料抗压特性的影响

充填体高度对材料抗压特性影响的实质是材料水化速率小于固体颗粒在水中的沉积速率。在水化反应速率不变的情况下,充填高度越高,未参与水化反应的颗粒越多,充填体上下强度的差异也将越来越明显。

材料在制成料浆后开始水化,被运输到充填地点后仍在不断水化,这时料浆处于静止状态,一些未活化的粉煤灰颗粒及未参加水化反应的水泥、石灰等颗粒开始向下沉积,直到料浆初凝时所有未参加水化反应的颗粒被胶结在一起。这时充填体下部的抗压特性较好,而上部的抗压性能较弱。在实验室内用模板支设高度分别为 1 m、2 m、3 m,宽度和长度均为 0.5 m 的封闭空间,将浆料注入模型内,到初凝时间后分别在凝固体同一位置的底部和顶部取出 3

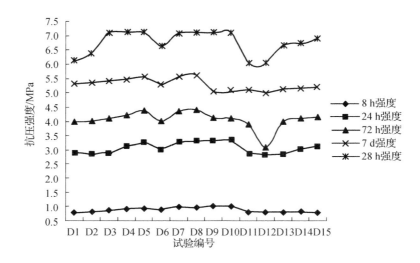

图 5-10　不同搅拌时间和搅拌机转速时材料的抗压强度

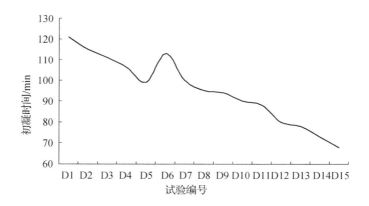

图 5-11　不同搅拌时间和搅拌机转速时材料的初凝时间

个方形块,在龄期为 8 h、24 h、3 d 时在压力机上进行试验,得出平均单轴抗压强度,如图 5-12 所示。由试验结果可知,充填高度越高,顶部的强度越弱,底部的强度越高,与之前的推断吻合。

　　在现场施工中,如果煤层较厚,充填体高度较高,可采用分层充填来减少一次充填体的高度,但这势必会降低充填效率。著者认为最可行的方法是加入适量发泡剂,增加料浆的悬浮效果,尽量缩小充填顶部和底部的强度差。

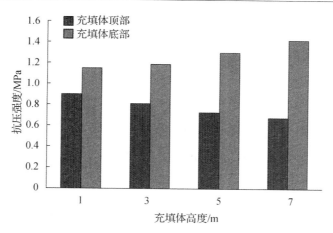

图 5-12　不同充填体高度时的抗压强度

5.1.9　充填体体积对抗压性能的影响

由第 4 章充填材料的热力学分析可知,材料的水化反应属于放热反应,充填浆料到达充填地点静止后,不断进行水化作用,热量开始在充填体内部不断集聚,充填体内部到临边侧的水化温度逐渐降低,充填体体积越大,温度差越明显,温度应力导致的裂缝就会越明显,充填体整体的抗压强度就越弱。

为了测定充填体的温度和应力状态,在高为 1 m、宽为 2 m、长为 5 m 的充填体表面、中心、底面放置了温度和应力传感器,得到不同龄期充填体在不同位置的温度值和应力值,如图 5-13、图 5-14 所示。

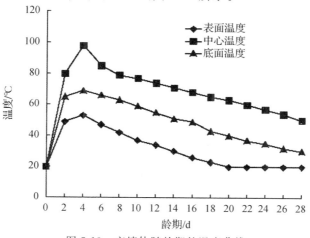

图 5-13　充填体随龄期的温度曲线

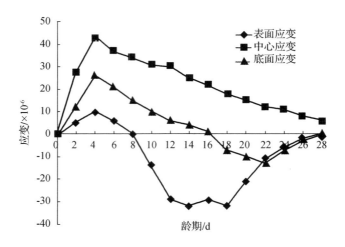

图 5-14　充填体随龄期的应变曲线

从图 5-13 可见充填体中心在第 4 天升到最高温度后，温度开始降低，但降温最慢；充填体表面和底面温度较低，且但快降温。图 5-14 给出了充填体某点主应变随时间变化的曲线。充填体大部分表面早期出现压应力，这是材料水化热使得温度升高，而产生的热膨胀又受到约束的结果。充填体的最大拉应力出现在充填体表面，表面通过与大气进行热交换使温度迅速下降，而充填体内部温度下降较慢，以至于产生内外温差。因此，表面是出现温度裂缝的危险区域。

5.1.10　富水速凝胶结充填材料抗拉与抗折强度

（1）抗拉强度

由于材料的抗拉强度较小，所以选择劈裂法检测不同水固比下养护龄期为 28 d 的富水速凝胶结充填材料抗拉强度。具体做法为：用立方体或圆柱体试样进行，在试样上下支撑面与压力机压板之间加一条垫条，使试样上下形成对应的条形加载，造成试样沿立方体中心或圆柱体直径切面的劈裂破坏，将劈裂时的力值进行换算即可得到材料的轴心抗拉强度。计算公式如下：

$$\sigma_t = 2P_{max}/(\pi HD)$$

式中　σ_t——单轴抗压强度，MPa；

　　　P_{max}——最大破坏荷载，N；

　　　π——圆周率；

H——试样高度,mm;

D——试样直径,mm。

由表 5-7 可知,富水速凝胶结充填材料的抗拉强度仅为抗压强度的 1/6 左右,因此在实际应用中,应尽量避免充填体受到拉应力。

表 5-7　劈裂拉伸试验结果

水灰比	抗压强度/MPa	抗拉强度/MPa	抗压强度与抗拉强度之比
0.85	7.21	1.18	6.11
0.95	7.10	1.19	5.97
1.05	6.99	1.14	6.13
1.15	5.21	0.90	5.79

(2)抗折强度

将材料制成 10 mm×10 mm×120 mm 的长方柱体,用 WE-300B 型液压万能试验机测其抗折强度。抗折强度 f_{cf} 计算公式如下:

$$f_{cf} = \frac{FL}{bh^2}$$

式中　F——极限荷载,N;

L——支座间距离,取 450 mm;

b——试样宽度,mm;

h——试样高度,mm。

以 3 个试样测试的算术平均值作为该组试样的抗折强度值,得到如表 5-8 所列的试验结果。

表 5-8　抗折强度试验结果

水灰比	抗压强度/MPa	抗折强度/MPa	抗压强度与抗拉强度之比
0.85	7.21	0.48	15.02
0.95	7.10	0.49	14.49
1.05	6.99	0.44	15.89
1.15	5.21	0.21	24.81

由表 5-8 可知,富水速凝胶结充填材料的抗拉强度仅为抗压强度的 1/25～1/15。因此在实际应用中,应尽量避免充填体受到弯矩的影响,尽量提高充实率,避免充填体内出现空洞。

5.2 富水速凝胶结材料的凝结时间

本书研究的富水速凝胶结材料属于早强、快硬型胶结材料,其初凝时间与终凝时间间隔一般不会超出 20 min,故一般仅考查其初凝时间,并统称为凝结时间。

凝结时间是充填材料实现充填功能的重要参数之一,它直接关系到料浆输送系统的设计、拆模时间、是否能及时支撑顶板不产生破坏等。影响富水速凝胶结材料凝结时间的主要因素有水固比、活化时间及温度、外加剂。

5.2.1 水固比对凝结时间的影响

水固比即水与固体料的比例,一般在其他因素不变情况下,水占材料的比例越多,水化需要的时间也越长,凝结时间也越长。在第 3 章中选择某一试验配方,凝结时间为 101 min,现在保持固体料的比例不变,将水固比调整为 0.85～1.15,测其初凝时间,如表 5-9 所列。由数据可以看出,材料中水含量对凝结时间的影响很大,随着水固比的增加,凝结时间越来越长。

表 5-9 不同水固比时富水速凝胶结材料的凝结时间

水固比	0.65	0.75	0.85	0.95	1.05	1.15	1.25	1.35	1.45
凝结时间/min	43	63	80	91	101	110	117	130	143

5.2.2 活化时间及温度对凝结时间的影响

按照基本配方比例,将激发剂、水、粗粉煤灰搅拌后,倒入塑料盆中,放在不同温度的水浴养护箱中陈放不同时间后,最终制得充填浆料,并用维卡仪测其初凝时间,试验结果如表 5-10 所列。

表 5-10　不同活化温度时材料的初凝时间

试验编号	活化温度/℃	活化时间/h	初凝时间/min	试验编号	活化温度/℃	活化时间/h	初凝时间/min
E1	4	8	173	E11	20	0	170
E2	6	8	159	E12	20	1	153
E3	8	8	147	E13	20	2	141
E4	10	8	133	E14	20	3	127
E5	12	8	119	E15	20	4	116
E6	14	8	108	E16	20	5	109
E7	16	8	97	E17	20	6	102
E8	18	8	94	E18	20	7	98
E9	20	8	91	E19	20	8	91
E10	22	8	86				

　　由试验结果可知,活化温度越低,各龄期的抗压强度越小,初凝时间越长;活化温度在 16 ℃以上时,凝结时间缩短速率降低,如图 5-15 所示。随着活化时间的增加,初凝时间随之缩短,活化时间阈值为 4 h,活化时间低于 4 h,凝结时间较长,活化时间高于 4 h,凝结时间较短,如图 5-16 所示。

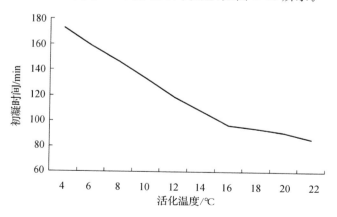

图 5-15　不同活化温度时材料的初凝时间

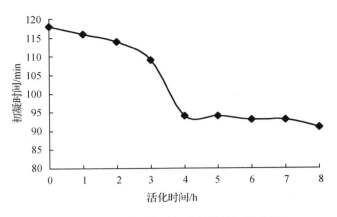

图 5-16　不同活化时间时材料的初凝时间

5.2.3　外加剂对凝结时间的影响

早强缓凝剂的功能分为早强和缓凝,速凝剂主要是缩短材料的凝结时间。

在同一配方及活化时间为 4 h、速凝剂为 0.5％时,取早强缓凝剂 1％～5％,速凝剂为 0.5％～2.5％做试验,结果如表 5-11 所列。试验说明早强缓凝剂及速凝剂都能对材料的凝结时间造成较大影响。

表 5-11　试验结果表

早强缓凝剂掺量/％	1	2	3	4	5
凝结时间/min	81	98	110	123	160
速凝剂掺量/％	0.5	1	1.5	2	2.5
凝结时间/min	105	93	79	61	30

5.3　富水速凝胶结材料的重结晶性

富水速凝胶结材料具有重结晶性,即浆体硬化早期被外力压至屈服后,经过一段时间晶体能重新生长,并与周围的枝状体结构连接起来,恢复原来的强度,甚至略高于原来的强度。

为了测得硬化体压裂后硬化体重结晶的强度,用同一配方同时制作 5 组试样,每组为 3 个。第一组试样在养护 8 h 后,在压力机上测取其屈服时最大抗压强度时立即停止加载,用同样的方法在试样龄期为 3 d、7 d、14 d、28 d 时进行 2～5 次重复加载屈服的抗压强度测试。同理,在试样 3 d、7 d、14 d、28 d 时分别测第 2～5 组第一次屈服时的抗压强度,并在规定的龄期测其重复加载屈服的抗压强度。测试结果如表5-12所列。

表 5-12　不同龄期的硬化体抗压强度

组数	8 h 抗压强度 /MPa	3 d 抗压强度 /MPa	7 d 抗压强度 /MPa	14 d 抗压强度 /MPa	28 d 抗压强度 /MPa
第一组	0.96	2.99	3.32	4.31	3.94
第二组	—	2.95	3.80	3.48	3.92
第三组	—	—	3.83	3.60	3.81
第四组	—	—	—	3.96	4.77
第五组	—	—	—	—	4.90

结果表明,硬化体越早被破坏,其强度恢复越快,重结晶越明显。出现这种结果是因为破坏时间越早,钙矾石晶体的生长越不完善,硬化体越容易在短时间内恢复。

5.4　富水速凝胶结材料的稳定性

富水速凝胶结材料的稳定性主要包括自然风化性、耐热性和耐腐蚀性三个方面。

（1）自然风化性

当富水速凝胶结材料硬化体置于空气中,水分会率先从表面流失,空气中的 CO_2 会"腐蚀"钙矾石的结构,使其逐渐失去强度,最终成为散体。

为了了解材料在自然空气中的碳化对强度的影响,将一组试验块密封养护不同时间后在空气中暴露不同时间,测其抗压强度。结果发现,密封养护时间越短的硬化体,自然风化的速率越快,这说明在密封养护下随着龄期的增加,硬化体胶凝不断水化,将钙矾石包裹得更为密实,阻止了碳化的进行。

（2）耐热性

将试样暴露或用耐高温材料密封后分别放入不同养护温度的干燥箱中,其结果显示密封试样的抗压强度在 15～50 ℃ 的养护温度下变化并不大,而暴露的试样随温度的升高强度减小,这是由于温度本身并不能影响硬化体的强度,但硬化体中的游离水分会随温度的升高而加速蒸发,使钙矾石分解导致强度随温度升高而降低。

(3) 耐腐蚀性

富水速凝胶结充填材料属于碱性材料,若将材料硬化体置于酸性环境中,酸性溶液会逐渐将硬化体溶解,其反应机理与风化(碳化)机理相似,被腐蚀后的硬化体变得疏松,强度明显下降。若将硬化体置于碱性溶液中,则对其强度影响不大。

6 富水速凝胶结材料流变特性与输送

6.1 流体的基本特性

6.1.1 充填料浆的密度和黏度

（1）充填料浆的密度

料浆的密度是指料浆单位体积的质量，通常用 ρ 来表示。测定料浆密度的方法有多种，比如流量法、定容称重法等。定容称重法计算公式为

$$\rho_j = \frac{G_1 + G_2 + \cdots + G_i}{V_定}$$

式中　G_i——各充填材料在一定体积下的消耗量，t；

　　　ρ_j——料浆的密度，t/m^3；

　　　$V_定$——料浆的体积，m^3。

在充填材料配比确定的情况下，充填料浆的密度减小，意味着料浆质量分数减小，能够降低沿程阻力。

（2）充填料浆的黏度

料浆的黏度在其水力计算中是一个非常重要的参数，影响着料浆的流动性能。由于粉煤灰水泥料浆在流动或静停瞬间，可认为是完全悬浮的状态，不沉降，因此粉煤灰水泥料浆可看作是重介质流体。管道输送料浆的相对黏度可用托马斯方程求得，即

$$\frac{\mu_m}{\mu_0} = 1 + 2.5\,c_{v \cdot t} + 10.05\,c_{v \cdot t}^2 + k e^{Bc_{v \cdot t}}$$

式中　μ_m——料浆体的黏度，Pa·s；

　　　μ_0——料浆中悬浮介质的黏度，通常悬浮介质为水，Pa·s；

　　　$c_{v \cdot t}$——粉煤灰料浆的体积分数，%；

　　　k, B——固体物料的特性系数。

料浆的黏度只有在运动的时候才能显示出来。在相同的流动情况下,料浆的黏度越大,料浆受到的阻力也就越大,料浆的压头损失也就越大。

6.1.2 充填料浆的标度

料浆通常有体积分数和质量分数这两种表示方法,其中体积分数在水力坡度计算中用得较多。料浆的体积分数是指料浆中的固体物料体积占料浆体积的百分比,通常用 c_v 表示,公式为

$$c_v = \frac{V_s}{V_m}$$

式中　V_s——料浆中的固体物料的体积,m^3；

　　　V_m——料浆的体积,m^3。

料浆的质量分数是指料浆中的固体物料质量占料浆质量的百分比,通常用 c_w 表示,公式为

$$c_w = \frac{m_s}{m_m}$$

式中　m_s——料浆中的固体物料的质量,kg；

　　　m_m——料浆的质量,kg。

料浆标度的升高意味着料浆中固体物料比例增加,固体物料要悬浮必须克服固体颗粒的重力,能量的消耗就会增加,水力坡度也增大。

6.2　富水速凝胶结材料料浆的流变特性

水中的固体颗粒呈悬浮状态时的两相流称为悬液。孙恒虎等把流变模型定义为:在剪切力的作用下,悬液切应变率与切应力间的关系。流体模型分两种:牛顿流体和非牛顿流体。牛顿流体是指受力后容易发生变形、黏性不大,且切应变率与切应力呈正比的流体。其他类型的流体都可以称为非牛顿流体。以切应变率与切应力是否呈线性来作为划分悬液的准则,呈线性的悬液称为牛顿体料浆,呈非线性的悬液称为非牛顿体料浆。

6.2.1 充填料浆悬液流变模型

(1)充填料浆悬液牛顿体流变模型

当料浆悬液浓度低时,切变率与切应力呈线性关系,这种悬液流变模型称为牛顿体,见图 6-1。图 6-1 中虚直线的倾斜率表示料浆的黏性系数,也能显

现出它的流变特性。牛顿体的流变方程可表示成下式：

$$\tau = \mu \frac{\mathrm{d}v}{\mathrm{d}y}$$

式中　τ——料浆悬液的切应力，Pa；

　　　　μ——料浆悬液的动力黏性系数，Pa·s；

　　　　$\dfrac{\mathrm{d}v}{\mathrm{d}y}$——料浆悬液的切变率，$s^{-1}$。

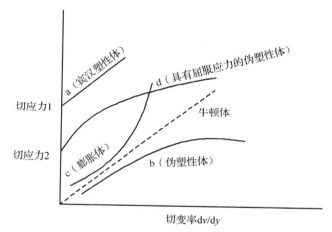

图 6-1　管输料浆中较常见的流型

（2）充填料浆悬液非牛顿体流变模型

当料浆悬液浓度高时，尤其是其中的水的比例比较小时，切应力与切应变率呈非线性关系，这种悬液的流型是非牛顿体。因流变性质的而不同，非牛顿体主要分为宾汉塑性体、伪塑性体、膨胀体及具有屈服应力的伪塑性体几种。

① 宾汉塑性体是一种切应力大于屈服应力才开始流动的悬液，其流变曲线如图 6-1 中 a 线所示，切应力轴上的截距为悬液的屈服应力（τ_0）。其流变关系式可用下式表示：

$$\tau = \tau_0 + \eta \frac{\mathrm{d}v}{\mathrm{d}y}$$

式中　τ_0——料浆悬液的屈服应力，Pa；

　　　　η——料浆悬液的塑性或刚度黏度系数，Pa·s。

② 伪塑性体的流变曲线是图 6-1 中的 b 线，此流变曲线具有向下跌的特点，流变关系式为

$$\tau = k \left(\frac{\mathrm{d}v}{\mathrm{d}y} \right)^{n}, n < 1$$

式中　k——H-B 黏度或稠度系数，Pa·s；

　　　n——流动指数。

③ 膨胀体的流变曲线如图 6-1 中(c)线，此流变曲线的特点与伪塑性体的相反，呈上翘形，其流变关系式也与伪塑性体的相似，只是 $n > 1$。

④ 具有屈服应力的伪塑性体的流变曲线如图 6-1 中的 d 线，此流变曲线的特点与一般伪塑性体相似，只是此流体具有一定的屈服应力 τ_1，流变关系式可表达为

$$\tau = \tau_1 + k \left(\frac{\mathrm{d}v}{\mathrm{d}y} \right)^{n}, n < 1$$

6.2.2　灰浆的流变特性

将粉煤灰、水、活化剂搅拌，陈放一定时间后即为活化后的灰浆。随着活化时间增长，灰浆的黏度逐渐增大，因此粉煤灰在活化后 2~8 h 的黏度逐渐增大。通过试验可知，无论灰浆活化时间多长，在静置 5 min 内都会出现分层，而在搅拌状态下均不会固化。

应用 SNB-2 型数字式旋转黏度计测量浆液，每次测量前需将被测浆液重新搅拌，待静止时马上进行黏度测量。因为黏度较小，取 1 号转子，每间隔 30 min 测量读数，其结果如图 6-2 所示。结果显示，活化前 2~3.5 h 黏度变化不大，之后黏度显著增大，在 8 h 时达到最大。从整体看活化后灰浆的黏度随时间的变化幅度不大，且都属低黏度。

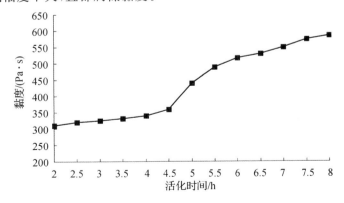

图 6-2　不同活化时间灰浆的表观黏度

使用 Kinexus 超级旋转流变仪测量活化 2 h、4 h、8 h 后初始灰浆的流动曲线,如图 6-3 所示。活化时间为 2 h 时,初始浆体的流变特性基本接近牛顿模型,但随着活化时间增加,初始浆体的流变特性逐渐向非牛顿模型中的假塑性模型贴近。

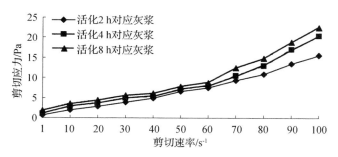

图 6-3　不同活化时间灰浆的流动曲线

6.2.3　成浆的流变特性

在灰浆中加入其他原材料搅拌过程中材料即开始水化,其流变特性随时间推移有较为显著的变化,这些规律对管输系统设计具有重要的意义。

粉煤灰活化 2 h、4 h、8 h 对应的成浆黏度随时间的变化如图 6-4 所示。由图分析可知,粉煤灰活化 2 h 制得的成浆黏度在 60 min 内变化增加不明显,此后迅速攀升,一直到 100 min 接近 1 400 mPa·s,在 110 min 黏度计无法测出黏度,说明成浆已在此时失去流动性。粉煤灰活化 4 h 时对应成浆黏度在 50 min 内黏度变化不明显,此后增长明显,一直到 90 min 时达到 1 400 mPa·s,100 min 黏度无法测出。粉煤灰活化 8 h 时对应成浆黏度变化规律与活化时间 4 h 较类似,均是 50 min 内黏度变化不明显,但之后黏度增长率明显比活化 4 h 大,90 min 时成浆失去流动性。总结以上规律可知,粉煤灰的活化时间是影响成浆黏度的主要因素。

使用 Kinexus 超级旋转流变仪测量粉煤灰活化 2 h、4 h、8 h 制得成浆后每隔 20 min 的流动曲线,如图 6-5～图 6-7 所示。粉煤灰活化 2 h 制成的成浆,前 40 min 内浆体基本服从牛顿流体模型的两相流型,随着时间的增加,缓凝剂的作用逐渐消退,水化作用开始逐渐剧烈,在 60 min 时浆体为非牛顿体中的有屈服值的伪塑性流体模型,到 80 min 后逐渐向宾汉流动模型转变。

粉煤灰活化 4 h 和 8 h 制得成浆后 20 min 内基本服从牛顿流体伪塑性流

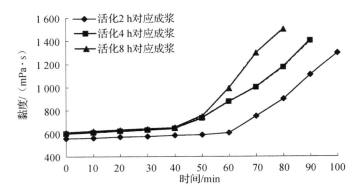

图 6-4　不同活化时间成浆的表观黏度

动模型,40～60 min 时服从有屈服值的伪塑性流体模型,随后基本服从宾汉流动模型。

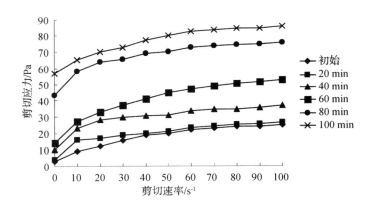

图 6-5　活化粉煤灰 2 h 的成浆流动曲线

6.3　富水速凝胶结材料料浆的输送

6.3.1　管道输送料浆临界流速

长期以来,国内外许多学者对临界流速进行了大量的研究工作,取得了很多有价值的研究成果,也提出了不少临界流速的计算公式。

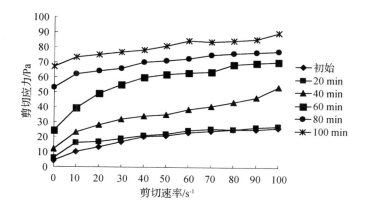

图 6-6　活化粉煤灰 4 h 的成浆流动曲线

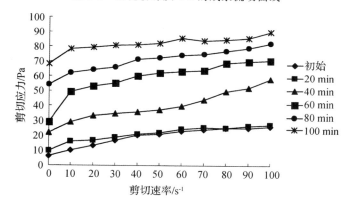

图 6-7　活化粉煤灰 8 h 的成浆流动曲线

　　管道输送料浆过程中,将能使悬液中固体颗粒基本上完全处于悬浮状态的速度称为料浆的临界流速。临界流速的影响因素有很多,主要是料浆的浓度和管径大小等。国内的研究单位也提出很多计算临界流速的公式。

　　(1)秦皇岛黑色冶金矿山设计院提出的公式:

$$U_{kp} = 2.44 \left(\frac{\rho_s - \rho_h}{\rho_h} \right)^{0.27} c_{Qv}^{-0.135} D^{\frac{1}{3}}$$

式中　　U_{kp}——临界流速,m/s;

　　　　ρ_s——固体物料的密度,t/m³;

　　　　ρ_h——水的密度,t/m³;

c_{Qv}——固液两相流悬液的体积分数,%；

D——管道直径,m。

（2）长沙矿冶研究院提出的公式：

$$U_{kp}=2.809\left(\frac{\rho_s-\rho_h}{\rho_h}\right)^{-0.308}c_{Qv}^{-0.308}D^{0.31}$$

式中　U_{kp}——临界流速,m/s；

ρ_s——固体物料的密度,t/m³；

ρ_h——水的密度,t/m³；

c_{Qv}——固液两相流悬液的体积分数,%；

D——管道直径,m。

（3）鞍山黑色冶金矿山设计研究院提出的公式：

$$U_{kp}=K(\rho_j g-\rho_h g)^a D^b=K\left(\frac{\rho_s-\rho_h}{\rho_h}\right)^a c_{Qv}^a D^b$$

式中　U_{kp}——临界流速,m/s；

K——系数；

a,b——指数；

ρ_j——料浆的密度,t/m³；

ρ_s——固体物料的密度,t/m³；

ρ_h——水的密度,t/m³；

g——重力加速度,m/s²；

c_{Qv}——固液两相流悬液的体积分数,%；

D——管道直径,m。

$c_{Qm}=0.1\sim0.3$ 时,$K=3.43,a=0.076,b=0.425$；

$c_{Qm}=0.3\sim0.45$ 时,$K=2.167,a=0.256,b=0.45$；

$c_{Qm}=0.45\sim0.6$ 时,$K=1.764,a=0.063,b=0.233$。

其中,c_{Qm}为固液两相流悬液的质量分数。

以上这些经验公式都是在各自的特定试验条件下得出的,试验范围受到限制。我们应结合实际情况,从这些经验公式中选择既适合实际充填条件,又符合充填体强度要求的管道输送速度公式,以便更好地解决现场实际问题。

按照第3章基本配方,活化时间为 4 h,水的密度为 1 t/m³,灰浆中固体物料的密度为 2.03 t/m³,灰浆密度为 1.34 t/m³,灰浆体积分数为 33%,灰浆的质量分数为 50%；成浆中固体的物料密度为 2.30 t/m³,成浆的质量分数为 51%,成浆密度为 1.40 t/m³,成浆体积分数为 31%,管道直径为50 mm、100 mm、150 mm、200 mm 时灰浆及成浆的临界流速,如表 6-1 所示。

表 6-1 不同管道直径灰浆及成浆的临界流速

管道直径/mm	临界流速/(m/s)	
	灰浆	成浆
50	1.052	1.130
100	1.326	1.424
150	1.518	1.630
200	1.671	1.794

6.3.2 管道输送料浆水力坡度

金川公式是在大量的试验基础上,通过对试验数据进行统计分析和归纳总结得到的。用金川公式计算管道水力坡度,相对误差较小,可作为水力输送物料的设计计算公式。管道水力坡度 i 的表达式最终可写为

$$i = i_0 \left[1 + 108 c_{Qv}^2 \left(\frac{gD(\rho_s - 1)}{v^2 \sqrt{C_x}} \right)^{1.12} \right]$$

式中　i_0——清水的水力坡度,9.81 kPa/m;

　　　c_{Qv}——固液两相流悬液的体积分数,%;

　　　D——管道直径,m;

　　　v——固液两相流悬液的平均流速,m/s;

　　　g——重力加速度,m/s^2;

　　　C_x——反映料浆中固体颗粒沉降性的阻力系数。

$$C_x = \frac{18.30 \times (\rho_s - 1) d_s}{v^2}$$

式中　ρ_s——固体物料的密度,t/m^3;

　　　d_s——固体颗粒的粒径,m。

水力坡度是料浆管道输送系统中的一个重要参数。因此,水力坡度公式的选择至关重要。我们通过对比分析并结合实际项目中积累的经验,认为本材料采用金川公式计算水力坡度时理论值较准确。

按照基本配方,活化时间定为 4 h,依据金川公式计算富水速凝胶结充填材料的水力坡度。根据经验值,固液两相流悬液的平均流速比临界流速高

15%，依据公式 $i_0 = \lambda \dfrac{v^2}{2gD}$ 计算清水的水力坡度。灰浆中固体颗粒的粒径为 0.15×10^{-3} m（生石灰入水中变成熟石灰），成浆中固体颗粒的粒径为 0.173×10^{-3} m。按照 6.3.1 中参数值求得不同管径的水力坡度如表 6-2 所列。

表 6-2　不同管道直径灰浆及成浆的水力坡度

管道直径/mm	水力坡度/(9.81 kPa/m)	
	灰浆	成浆
50	0.117	0.122
100	0.139	0.142
150	0.156	0.157
200	0.170	0.171

6.3.3　管道输送阻力损失

（1）阻力损失的构成

① 管道摩擦阻力损失

摩擦阻力损失是指浆体与管壁摩擦而减缓了流体的流动速度的能量。在管道输送中，因为管壁不是绝对光滑的，所以摩擦阻力总会消耗浆体流动的动能。影响管道摩擦阻力的因素主要有管道的直径、粗糙度及坡度、浆体的密度及黏度等。

对于富水速凝胶结材料，因为粉煤灰的比例较大，粉煤灰中球形玻璃微珠的"滚珠"作用提高了流体的流动性，减小了与管壁的摩擦，因此富水速凝胶结材料较一般充填材料的管道摩擦阻力小。

② 颗粒沉降阻力损失

一般矸石电厂粉煤灰粒级分布不均，有一部分颗粒较大。管道输送必须克服这些大颗粒下沉而消耗的能量叫作颗粒沉降阻力损失。这部分损失与材料的级配、形状及物理力学特性和输送速度都有密切的关系，但最主要是与浆体中的大颗粒浓度有关，浓度越大沉降阻力损失越大，浓度越小沉降阻力损失越小。

③ 颗粒碰撞阻力损失

浆体流动过程中颗粒之间的碰撞也会成为阻力，如果是细集料影响一般不大,如果是粗骨料则会对流动产生较大影响。大量研究认为,弹性碰撞所消耗的能量可以忽略,只有当颗粒间发生非弹性碰撞时,一部分颗粒动能转化为热能而耗散,这就是颗粒碰撞产生阻力损失的本质。

（2）阻力特性的影响因素

① 固体颗粒的影响

充填材料的固体都以颗粒的物理性状存在,如粉煤灰、活化剂、外加剂等,在掺入水中搅拌后,只有一部分外加剂溶解水中,其余大部分固体以颗粒的形式存在于浆体中。固体颗粒粒径、密度、形状都是阻力特性的影响因素。

当固体颗粒粒径较小时,固体颗粒会以悬浮状态随浆体一同运动。当固体颗粒粒径较大时,固体颗粒运动速度会小于浆体速度,对浆体产生一定的运动阻力。

Duckworth 等用密度小于和大于水的物质进行过试验,得出当固体密度大于水时,随着固体密度的增加,阻力损失越来越大;当固体的密度比水小时,随着固体密度的减小,阻力损失也越来越大。

目前还没有充分的证据证实固体颗粒形状对阻力损失的影响,但颗粒形状对沉降速度有影响,所以阻力损失与颗粒形状有关这一点是可以肯定的。根据前面的分析,颗粒沉降速度越大,则输送速度也越大,阻力损失也就越大。

② 浆体流速、浓度、黏度的影响

浆体流速是阻力损失的一个重要影响因素,浆体流速会影响固体颗粒之间的碰撞,以及浆体与管壁的相对滑移速度和浆体流程之间的滑移速度,这些都会影响浆体内部切应力和它与管壁间的剪切应力。浆体浓度大小会影响固体颗粒间相互作用程度,也会影响颗粒自然悬浮能力,因此浓度增加,管道阻力也会增加。黏度是表示液体在流动时其分子间产生内摩擦力的大小,所以黏度越大,浆体流动的阻力越大,反之越小。

③ 管路内径、内壁粗糙度的影响

管道内径越大,浆体在管中流动时与管壁的相互作用越小,流体紊动越小,能量损失就越小,阻力也就越小。流体在管道中流动,紧贴固体管壁有一层很薄的流体,受壁面的限制,脉动几乎完全消失,黏滞力起主导作用,这一薄层称为黏性底层。管壁的粗糙凸出部分的平均高度称为管壁绝对粗糙度。当管壁绝对粗糙度大于黏性底层时,管壁的粗糙凸出部分有一部分处于流体紊流区,将产生漩涡,造成能量损失,这种情况下的管内流动称为"水力粗糙"。当流动处于水力粗糙状态时,管壁粗糙度对阻力损失也有一定的影响,管道粗糙度越大,阻力损失也越大。

（3）阻力特性

固液两相流的阻力特性与单相流的阻力特性相比,有着本质的不同,在一定管径、一定浓度的情况下,两相流的阻力特性如图6-8所示。由图可见,由于固体颗粒因素的影响,两相流的阻力特性远比单相流的阻力特性复杂,随着流量的增加,两相流阻力特性可初步划分为5个阶段。

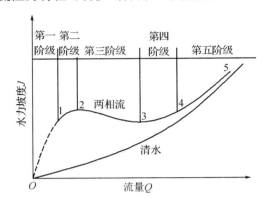

图 6-8　两相流的阻力特性

第一阶段,当流量很小时,固体颗粒在管道底部不随水流流动,水流从沉积层表面流过或从颗粒内部渗流穿过,这种情况不属于两相流动问题。如图 6-8中 0～1 阶段。

第二阶段,当流量增加到一定程度,固体颗粒中较细的部分颗粒开始以滑动、滚动或者跳跃随着水流运动,消耗了部分的能量。随着流量的增加,更多的颗粒参与运动,阻力损失随着流量的增加而增加。如图 6-8 中 1～2 阶段。

第三阶段,当流量增加到图 6-8 中点 3 对应的流量时,大部分固体颗粒处于间歇悬浮或跳跃状态,沿管道底部滑动、滚动的固体颗粒开始减少。因此消耗于固体颗粒滑动和滚动的能力随流量的增加而减少,虽然液相随流量的增加仍然在增加,但两者共同消耗的能量在减小,故两相流阻力损失呈下降趋势。如图 6-8 中 2～3阶段。

第四阶段,当流量增加到图 6-8 中点 4 对应的流量时,绝大部分固体颗粒处于悬浮或跳跃状态,管底滑动、滚动的固体颗粒越来越少,消耗于固体颗粒滑动、滚动的能量也越来越小,但液相的能量消耗随流量增加而有较大幅度的增加,故两相流动的阻力损失上升。如图 6-8 中 3～4 阶段。

第五阶段,当流量增大超过一定的程度,固体颗粒完全处于悬浮状态,阻力随流量增加而增加,并逐渐接近清水情况。如图 6-8 中 4～5 阶段。

试验研究表明,当固体物料的粒度较为均匀时,图 6-8 中点 4 与点 3 靠近,甚至出现两者重合的情况;反之,点 4 与点 3 相距较远。

(4)阻力计算的基本理论

两相流阻力损失是衡量管道水力输送自流可行性的重要指标。国内外众多学者对此进行了大量的试验研究和理论分析,提出了近百种经验或半经验的计算公式,但都因适用条件有限,且计算结果与实际监测有较大的出入,不足以揭示两相流管道输送的本质,因此在实际操作中更不能瞎搬套用。这些经验公式总体而言是在流体力学的基础上,特别是紊流理论的基础上发展起来的,可分为以下三大板块:扩散理论、重力理论、扩散-重力理论。

① 扩散理论

扩散理论最早是由苏联学者马卡维叶夫提出,他认为,固-液两相流中的骨料颗粒掺和在输送载体(水)之中,两者共同参加扩散,把水与固体质点看成没有相对运动,而是视其为以同一速度一起向流动方向运动,因而可以把这种流体看作"伪均质流体",这只有在颗粒很小情况下才适用,而且紊流程度越大,扩散的程度也就越明显。该理论计算两相流水头损失的基本形式如下:

由于
$$m_t = \frac{\rho_j - 1}{\rho_k - 1}$$

$$i_0 = \frac{\lambda_0 v^2}{2 \, gD}$$

故
$$i_j = \left[(\rho_k - 1) m_t + 1 \right] \frac{\lambda_0 v^2}{2 \, gD}$$

扩散理论虽然形式简单,计算便捷,但它忽略了料浆颗粒的扩散形式与流体质点并不相同,而且料浆颗粒与流体质点之间还存在相互作用。同时,在输送速度较大的情况下,固体颗粒形状不一,大小不等,受重不同,紊动现象在各相也并非相同,而且颗粒粒径越大,输送浓度越高,颗粒跳跃越明显。因而该理论适用于骨料颗粒粒径较小、浓度较低的悬移均质浆体。

② 重力理论

重力理论由学者 Bennakahob 于 1944 年提出。该理论阻力计算的基本公式如下:

$$i_j = i_0 + \Delta i$$

式中,Δi 为附加水力坡度,即反映固体颗粒悬浮所需消耗的能量。

Bennakahob 认为,从能量观点出发,认为两相流比纯水流动所消耗的能量要多。其多消耗的能量就是维持固体颗粒处于悬浮状态所做的功。重力理论虽然考虑了固体颗粒与水的相互作用,补充了扩散理论在这方面的不足,但重力理论仅仅考虑了固体颗粒悬浮所做的功,并没考虑输送固体物料所消耗的能量。该理论适用于较粗颗粒的情况。

③ 扩散-重力理论

虽然扩散理论和重力理论在各自阻力计算理论方面有所突破,但还不够完善,因此近年来又提出了两者相结合的理论——扩散-重力理论(简称能量理论)。其水力坡度阻力损失的计算基本形式为

$$i_j = i_0 \gamma_j + \Delta i$$

式中　$i_0 \gamma_j$——根据扩散理论计算的水头损失;

　　　Δi——密度为 γ_j 的砂浆运动所产生的水头损失与附加损失之和。

属于扩散-重力理论体系的公式众多,有费祥俊公式、王绍周公式、于长兴公式和苏联煤炭科学研究院的公式,在我国使用较多的是王绍周公式。

富水速凝胶结材料中固体与水的比例接近1,属于高水灰比材料,如果浆体流动速度较慢,固体材料重力的影响显然不可忽略,如果再加一些矸石、矿渣等粗骨料则重力作用更为明显,所以计算浆体管道输送阻力损失一般用扩散-重力理论。

6.3.4　充填倍线

充填倍线既不能过大也不能过小,充填倍线过大,磨损损失大,容易造成堵管;充填倍线过小,料浆在管道出口剩余压力大,管道剧烈振动,管道易破裂。金川公司通过经验推断认为合理的充填倍线值应该在 1.5～5,如大于 7 时浆液不能被输送。

6.3.5　雷诺数

管道中流体的流态一般有三种:层流、过渡区和紊流,而雷诺数就是表征流体流态这种特性的一个重要参数。如雷诺数 $Re < 2\,300$,流体流态为层流;如雷诺数 $Re > 2\,300$,流体流态为紊流。

7　富水速凝胶结材料制备及充填采空区方法

7.1　充填材料制备

7.1.1　材料特性

充填材料分为主料和辅料两个部分。

① 主料：粉煤灰、矸石等固体料和井下废水。

② 辅料：生石灰、脱硫石膏、HHJ 系列活化剂、KYY-S 系列速凝剂、KYY-ZH 系列早强缓凝剂。

材料特性如表 7-1 所列。

表 7-1　材料的特性

名称	物理性状	堆积密度 /(g/cm³)	备注
废弃湿粉煤灰	湿粉	1.80～2.10	含 5%～15% 水分
干粉煤灰	干粉,类似水泥状	0.60～1.10	基本不含水分
井下废水	流动性、黏稠度与正常水相同	0.95～1.03	pH 值为 3～8
生石灰	粒径为 5～30 cm	1.20～1.50	粒径不大于 2 cm
脱硫石膏(干燥后)	干粉	1.20～1.50	含水量不超过 1%
水泥	干粉	1.65～1.85	防潮储存
活化剂	干粉,类似食用盐状	1.30～1.45	防潮储存
速凝剂	干粉,类似水泥状	1.80～2.00	防潮储存
早强缓凝剂	干粉,类似食用盐状	1.45～1.70	防潮储存

7.1.2　材料加工及包装袋

（1）材料加工

制料系统主要生产充填材料的外加剂和石灰粉,主要生产设备有破碎机、搅拌机、装袋机三种。

① 生石灰

炭烧工艺制得的块状生石灰,平均粒径为 15 cm,对生石灰进行破碎加工目的是使其平均粒径减少为 2 cm。生石灰硬度较小,一般用破碎机进行一次或二次破碎即能使其符合使用要求。破碎系统主要由破碎机、除尘器、皮带输送机、上料平台组成。可以使用的破碎机种类如表 7-2 所列。

表 7-2   可用破碎机种类及产量

破碎机种类	型号	产量	优点
颚式破碎机	PE 系列	2.8～100.9 t/h	结构简单、工作可靠
锤式破碎机	PCK 系列	200～700 t/h	工作可靠、产量较大
反击式破碎机	PF 系列	30～550 t/h	有效控制颗粒粒度

② 外加剂

活化剂、速凝剂、早强缓凝剂都是由不同的化工原料按配方比例混合而成的,外加剂的加工设备主要由干料混合搅拌机、包装机组成。干料混合搅拌机参数如表 7-3 所列。因为外加剂每袋质量约为 1 t,应用专用吨袋包装机 CD1000 型完成称量装袋封口的工作。CD1000 型装袋机每小时装袋 10～40 包,准确度≤±0.2%,完全能满足工业需要。

表 7-3   干料混合搅拌机参数

型号	全容积 /m³	混合量 /kg	混合时间 /min	混合均匀度 /%	配套动力 /kW
ZX100	0.20	100	3～5	≥96	2.2
ZX250	0.60	250	3～5	≥96	4.0
ZX500	1.25	500	3～5	≥96	7.5
ZX1000	2.50	1 000	3～5	≥96	15.0

③ 脱硫石膏

脱硫石膏的原料含有大量水分,将水分脱去后方便上料。目前的脱水设备是脱硫石膏烘干机,也叫脱硫石膏转筒干燥机,其参数如表 7-4 所列。

表 7-4 脱硫石膏烘干机参数

产品规格/m	处理能力/(t/h)	入料水分/%	出料水分/%	主机功率/kW
$\phi 1.5 \times 14$	4～6	60±5	≤8	15.0
$\phi 1.8 \times 18$	6～10	60±5	≤8	18.5
$\phi 2.0 \times 20$	8～12	60±5	≤8	18.5
$\phi 2.2 \times 20$	10～15	60±5	≤8	22.0
$\phi 2.4 \times 20$	15～20	60±5	≤8	22.0

（2）材料包装袋

包装袋按材料物理特性分为干料和湿料（装湿粉煤灰或矸石）专用包装袋。包装袋由防水帆布缝接而成，由吊挂带、入（装）料口、出料口组成。需要装料时，先用绳子将出料口扎紧，在入料口装完材料后，将入料口也用绳子扎紧，即完成材料包装。专用包装袋如图7-1所示。

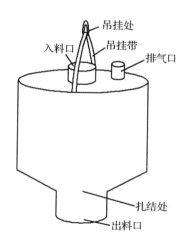

图 7-1 专用包装袋示意图

该专用包装袋有如下特点：配有挂钩，能配合吊机使用，装卸材料易于操作；强度满足要求；可回收重复利用；设计专用包装袋可装入制浆装置所需材料质量的整数倍，这样在井下无须计量即可直接将袋装材料倒入制浆装置。

包装完成后，根据各材料的特性选择不同条件的储存室存放。不同种类的材料用不同颜色的专用包装袋区分。

（3）材料加工

材料加工是指在原材料运送到加工厂后，通过破碎，或搅拌，或直接称重装袋后成为方便工业应用的产品，见表 7-5。其中井下废水无须加工，可用电磁流量计计量后直接使用；干粉煤灰、水泥等也无须加工，直接运送到井上制浆地点即可。

表 7-5　材料加工

编号	类别	原材料到加工地点运送方式	加工地点	加工方式
1	湿粉煤灰		电厂	称重后装袋封口
2	生石灰	汽运	加工厂	破碎称重后部分装袋封口
3	脱硫石膏	汽运	加工厂	干燥称重部分装袋封口
4	活化剂	汽运	加工厂	搅拌混合称重后装袋封口
5	速凝剂	火车	加工厂	搅拌混合称重后装袋封口
6	早强缓凝剂	汽运	加工厂	搅拌混合称重后装袋封口

7.2　充填系统构成

7.2.1　仓储系统

仓储系统主要用来储存粉煤灰、水泥等。仓储系统由仓体钢结构部分、爬梯、护栏、上料管、除尘器（袋式除尘器）、压力安全阀、高低料位计（一般用旋阻料位器或重锤料位器）和卸料阀等组成。粉料仓如图 7-2 所示。

7.2.2　计量上料系统

7.2.2.1　计量系统

对水及活化后的粉煤灰浆进行计量的计量器为电磁流量计，如图 7-3 所示。对粉状物料进行计量的计量器为皮带秤、计量螺旋输送机。

（1）电磁流量计

电磁流量计是利用法拉第电磁感应定律制成的一种测量导电液体的体积流量计。电磁流量计的测量是通过一段无阻流检测件的光滑直管，因直管不

图 7-2 粉料仓

图 7-3 电磁流量计

易阻塞含有固体颗粒或纤维的液固二相流,仪表的阻力仅是同一长度管道的沿程阻力,所测得的体积流量实际上不受流体密度、黏度、温度、压力和导电率(只要在某阈值以上)变化的影响,其测量范围度为 20:1～50:1。

在富水速凝胶结材料中,电磁流量计主要用来测量水和活化后粉煤灰浆的流量。在电磁流量计选型时,一般从精度等级和功能、流速、满度流量、范围度和口径、液体导电率等判断。水的测量一般选用精度高的仪表,要求基本误差为 ±0.5%～±1%,粉煤灰浆的测量选用精度低的仪表,要求基本误差为 ±1.5%～±2.5%。仪表口径不一定与管径相同,应视流量而定。上限流速在原理上是不受限制的,但通常建议不超过 5 m/s,除非衬里材料能承受液流冲刷,实际应用中很少超过 7 m/s,超过 10 m/s 则更为罕见。满度流量的流速下限一般为 1 m/s,有些仪表则为 0.5 m/s。粉煤灰浆易黏附、沉积、结垢,因此选用流速 3~4 m/s 或以上,能够自清扫、防止黏附沉积等。从测量精度角度考虑,仪表口径一般小于管径,以异径管方式连接。

(2)皮带秤

皮带秤是安装在皮带输送机上的动态称重仪表,也是对放置在皮带上并随皮带连续通过的松散物料进行自动称量的衡器。皮带秤分机械式和电子式两种,工业中广泛采用电子式皮带秤,它主要由秤架、托辊、皮带、力传感器、速度传感器和测量电路组成。

皮带输送机在输送物料时,电子式皮带秤就可以在输送过程中同时完成称重,做到了连续不间歇的计量,大大提高了工作效率;但皮带秤精度不高,精度一般保持在±1%。

(3)计量螺旋输送机

计量螺旋输送机主要由稳流给料螺旋、称重桥架、减速电机、称重传感器、测速传感器、称重控制仪表和电控系统等组成。称重桥架为杠杆式,其杠杆支点采用耳轴,不受腐蚀及外界因素对计量精度影响;测速传感器置于螺旋体非驱动端。计量螺旋输送机用于对散状物料定量给料,给料过程为螺旋旋转连续给料。它将来自于用户给料仓或其他给料设备的物料进行输送并通过称重桥架进行质量检测,同时装于其端部的测速传感器进行速度检测;被检测的质量信号及速度信号一同送入称重控制仪表进行微积分处理并显示以吨每小时为单位的瞬时流量及以吨为单位的累计量。

计量螺旋输送机的优点是结构密封,能减少粉尘外扬,进出料口为软连接,可根据现场要求任意调整水平安装角。

7.2.2.2 上料系统

(1)井上上料方法

破碎后颗粒不均的生石灰可用皮带输送机或螺旋输送机输送,其他粉状物料为了规避粉尘污染最好用螺旋输送机或采用气力输送,袋装物料可以用单轨吊车运送,水可以用离心泵和管路输送。

① 皮带输送机。皮带输送机是运用皮带的无极运动运输物料的机械,具有输送量大、结构简单、维修方便、部件标准化等优点,用来输送松散物料或成件物品。根据输送工艺要求,皮带输送机可以单台输送,也可采用多台设备组成或与其他输送设备组成水平或倾斜的输送系统,以满足不同布置形式的作业线需要。皮带输送机适用于输送堆积密度小于 1.67 t/m³,易于掏取的粉状、粒状、小块状的低磨琢性物料及袋装物料。

皮带输送机的种类很多,有通用固定皮带输送机、移动式皮带输送机、高倾角皮带输送机、深槽型挡边皮带输送机、可弯曲皮带输送机及钢丝牵引输送机等。考虑空间的因素,为贯彻灵活使用、节省空间的理念,富水速凝胶结材料充填系统一般使用移动式深槽挡边皮带输送机,如图 7-4 所示。

图 7-4 深槽挡边皮带输送机

② 螺旋输送机。从输送物料位移方向的角度划分,螺旋输送机分为水平式螺旋输送机和垂直式螺旋输送机两大类型。螺旋输送机主要用于各种粉状、颗粒状和小块状等松散物料的水平输送和垂直提升,不适宜输送易变质、黏性大、易结块或高温、怕压、有较大腐蚀性的特殊物料。

③ 单轨吊车。以特殊工字钢为道轨悬吊的单轨吊车能够连续运行,机动灵活,爬坡能力强。单轨吊车最大的优点是不受限于巷道底板状态,可以在起伏不平的巷道中运行。但它对巷道断面大小、支护稳定性及支架强度有严格要求。

④ 气力输送。气力输送是一种以空气为载体,借助于某种压力(正压或负压)设备和管道对粉状物料进行输送的方式。气力输送可根据具体地形布置输送管道,实现集中、分散、大高度、长距离输送,输送过程不受气候条件影响,能确保物料不受潮,有利于生产和环境保护。

对于均匀粉状物料,气力输送是最佳选择;对于干粉煤灰、水泥等粉状料,采用气力输送可减少人力劳动量,增加效率。料仓中物料要制浆时可通过气力输送系统将物料送入制浆装置中。该输送系统具有输送材料连续、效率较高的特点,实际输送距离可达 300 m。气力输送系统如图 7-5 所示。

(2)井下上料方法

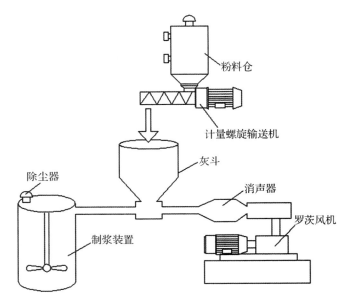

图 7-5　气力输送系统

　　① 密相气力输送。密相气力输送主要用于干状粉料的运送,可以输送干粉煤灰、活化剂、速凝剂和早强缓凝剂。

　　密相气力输送装置一般采用发送罐输送方式,利用表压高于1 kg/cm² 的气体压力来推动物料通过输送管线,是一种高压-低流速系统。其工作方式是周期性的,工作周期包括装料、充气、排料和排气等,但装料和排料不能同时进行。密相气力输送主要特点是输送量大,输送距离长,气固比比较高,气体流速较低,管道磨损较小,整个工作周期通过 PLC 可实现自动控制。密相气力输送装置如图 7-6 所示。

　　运送材料时,先将密相气力输送装置固定在轨道平板车上,然后将现场储存的干粉料装入发送罐中(一袋干粉料专用袋的量对应一个发送罐的量),并做密封处理。然后通过轨道或罐笼将输送装置送入井下,通过干料输送管路与制浆装置相连,并用气动阀控制,如图 7-7 所示。密相气力输送减少了井下的劳动量和粉尘污染,当配方比例中粉状固体量较多或昼夜充填量大于50 m³ 时,可使用此方法运送粉状干料。

　　② 吊装皮带运送。吊装皮带运送是指将袋装材料用矿车从井上运送到井下制浆地点,再用单轨吊车将专用袋吊起,将专用袋中的材料用皮带输送机送入制浆装置的方法,如图 7-8 所示。

图 7-6　密相气力输送装置

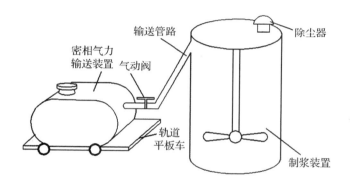

图 7-7　密相气力输送系统

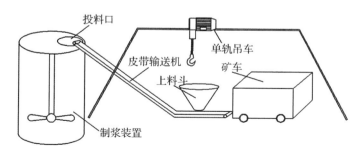

图 7-8　吊装皮带运送系统

吊装皮带运送系统适用于所有材料的运送,方法简单、实用,故障率少。当配方中固体料所占比例较少或昼夜充填少于 50 m³ 时,可使用此方法。

7.2.3 活化制浆系统

(1) 活化搅拌系统

对粉煤灰的活化是富水速凝胶结材料的主要创新点,是材料能否实现早强、低成本的关键环节。活化搅拌系统由将水、粉煤灰、活化剂反复搅拌陈放的容器等组成,具备上料、搅拌、输浆的功能。

活化搅拌系统的搅拌机,按搅拌方式分为自落式搅拌机、强制式搅拌机两种。自落式搅拌机就是把混合料放在一个旋转的搅拌容器内,随着搅拌容器的旋转,容器内的叶片把混合料提升到一定的高度,然后靠自重自由撒落下来,这样周而复始地进行,直至拌匀为止。强制式搅拌机的特点是搅拌容器不动,而由容器内旋转轴上均置的叶片强制搅拌混合料。

自落式和强制式搅拌机均可用于粉煤灰浆的间隔搅拌、陈放活化。自落式搅拌机用于粉煤灰浆活化搅拌的优点是一次搅拌量较大,耗能较低;缺点是加料时不能同时搅拌,容易黏住罐体,所以一般采用多次上料、搅拌的办法规避。强制式搅拌机能在加料的过程中连续搅拌,所以搅拌效果较好,且能同时用于成浆搅拌,无须转载,但受搅拌桨叶扭矩的限制,搅拌容器不能太大,限制了一次搅拌量。因此在成浆需要量不太大的情况下,可以选择强制式搅拌机,成浆需要量大时,可以考虑自落式搅拌机。

自落式搅拌机的制浆过程为先将定量的水、粉煤灰、活化剂按先后顺序加入罐体中,关闭密封盖后开始搅拌。如果粉煤灰量较多,可先将水、一半量粉煤灰、全部活化剂加入罐体中,关闭密封盖后滚动搅拌 20 min,然后打开密封罐,加入剩下粉煤灰后再进行搅拌。自落式搅拌机有效搅拌容积为 50～250 m³,强制式搅拌机有效搅拌容积为 10～15 m³。

(2) 制浆搅拌系统

根据不同地质条件和生产技术条件的需要,在前期的研究中,经过不断的试验与实践,形成两套成形的制浆系统:一种是卧式制浆系统,另一种是立式制浆系统。

① 卧式制浆系统

卧式制浆系统主要由罐体、上料口、出料口、电机、搅拌叶组成。如果卧式制浆系统需要在井下制浆,可以在制浆罐底部安设轮子,使其能够在井下轨道移动,如图 7-9 所示。

图 7-9 卧式制浆罐

卧式制浆系统一般采用双螺旋搅拌叶同向旋转的搅拌原理,螺旋搅拌叶转动时,一侧搅拌叶推动罐内浆液向罐的一侧运动,当浆液到罐的一边后,又被后续浆液及另一侧搅拌叶推向相反方向;同时搅拌叶带动浆液自下而上运动,这样实现了水平方向、垂直方向两个方向的浆液搅拌,达到均匀搅拌材料的目的,可获得良好的搅拌效果,且这种螺旋搅拌叶在卧式制浆罐内没有搅拌死角,有利于提高加料速度。制浆罐双螺旋搅拌叶如图 7-10 所示。

图 7-10 双螺旋搅拌叶

卧式制浆罐的出料口阀门必须具有简单易操作且易使用的特点。根据这些特点设计了铁板闸阀(见图 7-11),其两块铁板中间夹着一个特殊制作的铁板,这个铁板上面布置与管径同样大小的孔,其余部分为耐磨材质的垫板,这样在需要放出浆液时,只需将有孔的一侧铁板砸下即可,在需要关闭时,只需将有孔的一侧铁板砸出。

图 7-11　铁板闸阀

② 立式制浆系统

立式制浆系统主要由搅拌容器、电动机和搅拌叶组成。

立式制浆系统的搅拌叶一般设计三层,下面两层搅拌叶在搅拌时起到将充填浆液向上抬升的作用,最上面的一层搅拌叶在搅拌时起到将浆液向下压的作用,使充填浆液不仅在平面上形成搅拌漩涡,而且在竖面上也形成搅拌漩涡,使液体流型为轴向和周向。

在井上使用的立式搅拌容器一般采用钢铁材质卷制焊接而成,如图 7-12所示。

图 7-12　立式搅拌容器

在井下使用的立式搅拌容器一般为硐室底板砌砫搅拌池。搅拌池的大小需要根据制浆硐室的规模设计,搅拌池需做防水处理。池子上面铺设槽钢,以架设搅拌器。在制浆池上方一侧铺设铁道,方便密相气力输送装置和装料矿车移动。输送泵安设在制浆池出料口处,输送泵的吸料口直接与制浆池的出料口通过软管连接。

制浆硐室的选取应满足如下条件:施工方便,工程量小,造价低;运料方便,有充足的水源;通风良好。制浆硐室还需设置堆料平台,其大小应能放置两天使用的充填材料。为使材料保持干燥,平台应铺垫木板。若顶板淋水,要挂防水塑料布,并且运料矿车最好能进入堆料平台旁,以减轻工人劳动强度。

7. 2. 4　管路输送系统

管路输送系统主要由充填泵、充填管路和阀门组成。

（1）充填泵及管路

如按配方制得的浆液流动性较好,一般选用渣浆泵;如流动性较差,则选用混凝土泵。渣浆泵的优点是输送效率好、结构简单、造价低、便于搬运,缺点是无压力,无法将管路内的剩余浆液泵出;混凝土泵的优点是压力高能降低堵管的概率,缺点是输送效率低,结构复杂,不便于搬运。

泵的选择应综合考虑充填材料性能、浆体输送量、输送压力以及输送环境等因素。根据充填浆液的流动性能及特点,在充填倍线不太大的情况下,一般选择渣浆泵作为充填泵。

充填泵一般准备两套,一套使用,一套备用。

综合考虑充填与采煤过程互不干扰,泵送距离近、不易发生堵管,节省井下空间等因素,可将移动制浆罐以及充填泵均安设在留巷空间中。由于移动制浆罐可移动且能固定,因此很容易在留巷空间作业;可将充填泵、控制开关及电缆线布置在平板车上,由绞车牵引移动。

管路系统起运输充填浆液的作用,充填管路需满足如下要求:

① 充填浆液对管路有一定的压力,要求充填管路具有一定的承压性能;

② 充填浆液为碱性,要求输送管路具有耐腐蚀性;

③ 充填管路内壁光滑,摩擦力小。

为满足要求,一般选用专用超高聚乙烯输送管路,该管路具有一定的弯曲性能,质量轻,便于架设和搬运,铺设灵活,管内壁摩擦力小,而且采用法兰盘连接,密封效果好。输送管路如图 7-13 所示。

（2）阀门

阀门在管路输送系统中起着相当关键的作用,它能控制水或浆液的流动方向。阀门的选取应根据现场实际工况,控制水的阀门一般用球阀或蝶阀,控

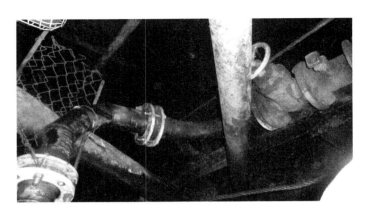

图 7-13　输送管路

制灰浆的阀门一般用闸阀或蝶阀,控制成浆的阀门一般用闸阀,而操纵方式的选择则要根据现场需要选择手动、气源或电源。

在管路输送系统中,为防止突发事件的发生,在充填管路的中间加设三通后加设球阀。一旦充填地点发生紧急突发事件,可以将充填管路中间的阀门打开,避免浆液在管路内停滞时间过长,将充填管路堵塞。

（3）泵风联送

泵风联送的作用是利用压风将管内残余液体排出管路,主要用于制浆装置内浆液泵送完毕后排出余浆或清洗管路及输送泵,如图 7-14 所示。实施步骤是将阀 1 关闭,阀 2、阀 3 打开,待浆液排出管路后关闭阀 2;清洗输送泵时,将阀 3 关闭,阀 1、阀 2 打开,清洗完毕后关闭阀 2。

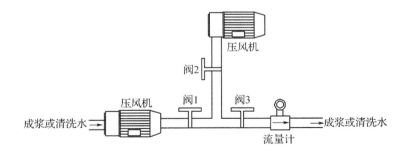

图 7-14　泵风联送系统

7.2.5 料浆封堵成形系统

料浆在没有失去流动性之前,必须在采空区将其有目的地约束在与顶底板等高的封闭空间内,待其凝固硬化后,才能起到支撑顶板的作用。顶底板是自然构成的两个约束面,其余四个约束面可以是煤壁或采用人工构筑。

7.2.5.1 支设挡板或砌筑挡墙封堵成形系统

一般当条带式采煤后除顶底板外其他三面为煤壁,只有一面敞开,可用挡板与砌筑墙封堵。如果煤层为水平或近水平用砌筑墙封堵,砌筑厚度一般视煤层高度而定。如果煤层为倾斜煤层,一般用挡板封堵,挡板视浆体压力大小可用木挡板、钢模挡板等。支设挡板完成后要在挡板最上方留设入料口,方便浆料注入。

7.2.5.2 充填袋、模板封堵成形系统

该料浆封堵成形系统由顶底板两个自然约束面和人工构筑四个约束面组成。人工构筑的四个约束面由充填模板、充填袋、支柱组成。充填袋起到封闭浆料的作用,充填模板和支柱用于约束料浆成形。

(1) 充填袋

充填袋的材质应有足够的强度及抗静电与抗阻燃的性能,应采用防水耐腐蚀的高分子材料加工制作。充填袋加工时,接缝要结实牢靠,要严格按设计要求加工(满足充填与吊挂)。充填袋尺寸可根据煤层地质条件变化做适当调整,必须符合实际情况。

由于充填袋是柔性的,过大的充填袋不利于操作,因此在保证充填袋能满足工作面每天推进长度的前提下,将其沿走向方向设计为进尺数或者进尺倍数的规格,宽度规格设计为充填体的宽度,且充填袋需设置入料口和出气口。充填袋如图 7-15、图 7-16 所示。

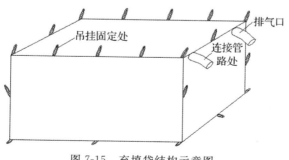

图 7-15 充填袋结构示意图

图 7-16　充填袋排气口和进料口

（2）充填模板

充填模板的构筑有多种，根据材料的不同，有木质模板、机械模板等。

① 木质模板。由于充填时一次架设模板难度较大，施工困难，同时也不利于在充填时对充填袋进行微调与检查。因此，根据以往经验将充填框架设计成基础框架与调节框架两部分，以便根据具体情况进行调节。

充填框架包括侧挡板（采空区侧和巷道侧）和前挡板两部分，均采用木板构筑，其中基础模板由厚 30 mm 的木质板材加工而成，两侧模板与前侧模板的设计规格根据留巷宽度和每班推进长度来设计，模板的高度可根据平均煤层高度减去 100 mm 设定。调节模板由厚 30 mm 的木质板材加工而成，两侧模板与前侧模板的设计规格根据留巷宽度和每班推进长度来考虑，模板的高度可设为 100 mm。模板构筑过程为：充填袋挂好后，先紧靠充填袋支设支柱，然后在支柱里侧绑定基础模板，开始向充填包中充入浆液。在充填过程中，随着液面的升高继续逐层架设模板，当最高一层模板距顶板距离不到 200 mm 时，视实际情况确定是否需要再架设调节模板；若距离小于 100 mm，则不需要架设调节模板；若距离大于 100 mm，则需要架设一层调节模板。

基础模板与调节模板的安设不是一次完成的，而是在充填过程中随着充填袋内浆体液面的增高而逐渐架设的。

② 机械模板。为实现机械化操作，设计支架及配套液压支护模板，支架能够自行前移进行机械立模。

充填支架的设计选型要与工作面综采支架配套，充填支架的最大控顶距应满足工作面循环进尺后一次充填长度的要求；待留巷巷道采空区侧沿巷道走向采用梁柱支护并固定模板，待留巷充填体前方为正常综采支架后加装充填模板，同时与充填支架模板间形成留巷充填框架，充填框架内采空区顶板使用戴帽木点柱支护，支护要紧跟工作面综采支架。充填支架要有防窜矸及防压架技术性能,充填支架的充填模板易接顶和脱模,留巷充填应在移架前完成。

7.3　充填制浆系统方案

7.3.1　双搅拌器制浆

（1）充填系统

充填系统有两套搅拌设备,一个为粉煤灰活化搅拌设备,一个为成浆搅拌设备。一般在现场应用中,活化搅拌设备有效容积是成浆搅拌设备的 6 倍,为保证制浆的连续性,成浆搅拌设备最少为两个。

（2）活化阶段

充填前,先将粉煤灰、水、活化剂加入灰浆罐中搅拌均匀,然后陈放 2～8 h。为防止浆液在陈放期间沉淀,陈放期间每隔 30～60 min 搅拌约 5 min。

（3）制浆阶段

充填时,将灰浆通过转载泵泵送至成浆搅拌设备中,然后在其中一个成浆搅拌设备边搅拌边依次加入石灰、脱硫石膏、早强缓凝剂、水泥、速凝剂后,开始泵送充填,同时在另一个成浆搅拌设备中依次加入早强缓凝剂、水泥、速凝剂,待第一个搅拌设备里的浆料泵送完成后即可对第二个成浆搅拌设备里的成浆进行泵送,如有更多的成浆搅拌设备可完成交替循环制浆。双搅拌器制浆系统及充填工艺如图 7-17 所示。

（4）特点

该系统突出的优点是能够实现连续制浆,增加了制浆效率。材料的制浆搅拌泵送系统可放于地面,也可放与井下,将其放入井下可防止充填倍线太大。

7.3.2　单搅拌器制浆

该系统的主要特点是活化与制浆两个工艺均在一个搅拌设备内实现。具体做法是:先将水、粉煤灰和活化剂通过机械输送或风力输送至搅拌设备中搅拌均匀后,陈放 2～8 h,陈放期间每间隔 1 h 搅拌 5 min,再需要制浆时(陈放活化一般不小于 2 h)将早强缓凝剂、水泥、速凝剂、破碎后矸石依次输送至搅拌设备中,搅拌 5～10 min,即得到成浆。开启输送泵、阀,将浆料单管路输送至井下采空区。浆料充填完毕后清洗制浆设备和管路,即完成一次充填。单

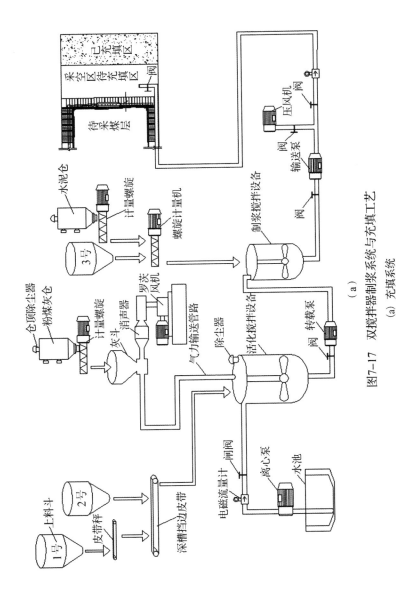

图7-17 双搅拌器制浆系统与充填工艺

（a）充填系统

（a）

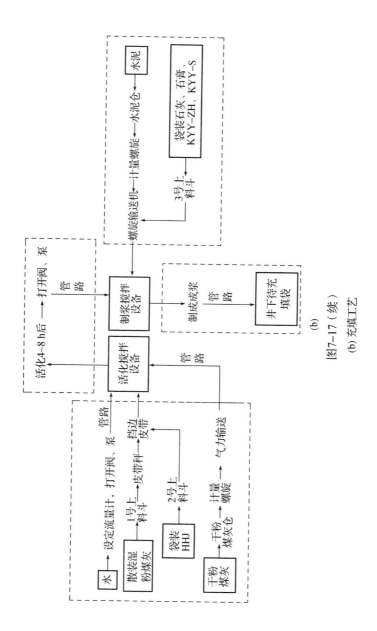

图7-17（续）

(b) 充填工艺

搅拌器制浆系统及充填工艺如图 7-18 所示。

该系统的优点是制浆配比准确性较高,系统移动较灵活,设备较少,前期投资较小,缺点是制浆量小,可用于井下沿空留巷等充填材料用量不大的充填作业。

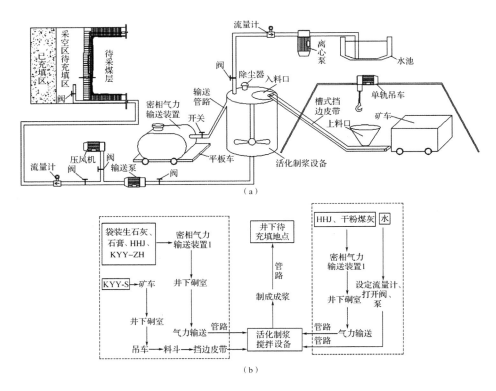

图 7-18　单搅拌器制浆系统与充填工艺
（a）制浆系统；（b）充填工艺

7.4　采空区充填方式

富水速凝胶结材料在初凝前流动性较好,必须用封堵成形系统将其约束在采空区,使其凝固自立后支撑上覆岩层。根据上覆岩层岩性的好坏、煤层倾角、煤层厚度、采煤方法确定采空区不同的充填方式。采空区充填方式选择一般以充填效果、充填效率、充填造价来权衡。

7.4.1　袋式部分充填

袋式部分充填原则上适用于所有煤层开采方法。下面以单一长壁开采为例说明袋式部分充填常用的几种方式。

（1）条带充填

袋式条带充填是指充填袋沿工作面开采方向布置，充填后形成条带。充填袋的长边一般与倾向平行，便于支设支柱模板和充填体接顶，如图 7-19 所示。条带充填可在下巷沿采空区留巷，作为下一个采区的上巷，如图 7-20 所示。

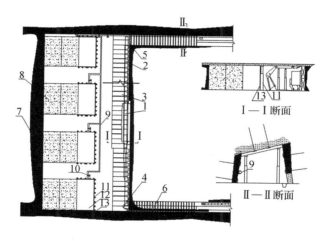

图 7-19　袋式不留巷条带充填

1——采煤机；2——刮板输送机；3——液压支架；4——下端头支架；

5——上端头支架；6——转载机；7——开切眼；8——已充填体；

9——充填管路；10——阀门；11——单体液压支柱；12——充填袋；13——充填模板

条带充填原则上适用于所有采煤方法，在实际中一般应用于倾角在 12° 以内，沿走向开采的煤层。优点是充填成本较低，充填效果比较直观，能兼顾沿空留巷；缺点是支设支柱和模板工作量较大，易造成生产接续难的问题。

（2）柱式充填

柱式充填是将袋式充填体均匀分布于采空区，每一个充填袋为一个"煤柱"，可用于顶板岩性极好、控顶距较大的煤层，如图 7-21 所示。柱式充填一般会在留巷侧形成充填条带，用于留巷，如图 7-22 所示。

柱式充填的优点是制浆量小，充填材料成本低；缺点是空顶面积大，模板

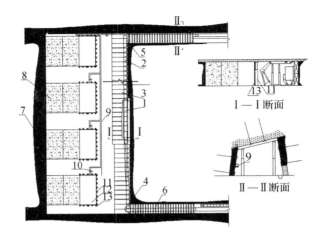

图 7-20 袋式留巷条带充填

1——采煤机；2——刮板输送机；3——液压支架；4——下端头支架；

5——上端头支架；6——转载机；7——开切眼；8——已充填体；9——充填管路；

10——阀门；11——单体液压支柱；12——充填袋；13——充填模板

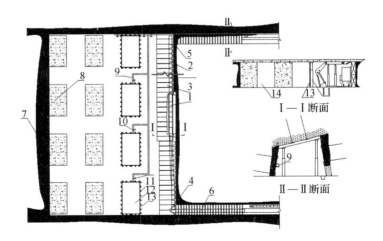

图 7-21 袋式不留巷柱式充填

1——采煤机；2——刮板输送机；3——液压支架；4——下端头支架；

5——上端头支架；6——转载机；7——开切眼；8——已充填体；9——充填管路；

10——阀门；11——单体液压支柱；12——充填袋；13——充填模板；14——充填空隙

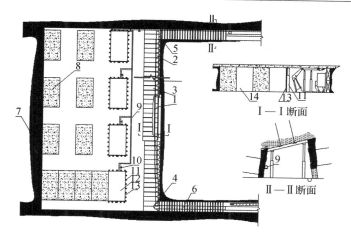

图 7-22 袋式留巷柱式充填

1——采煤机;2——刮板输送机;3——液压支架;4——下端头支架;
5——上端头支架;6——转载机;7——开切眼;8——已充填体;9——充填管路;
10——阀门;11——单体液压支柱;12——充填袋;13——充填模板;14——充填空隙

支设量较大,易造成生产接续困难,降低充采效率。

7.4.2 袋式全部充填

袋式全部充填原则上适用于所有煤层开采方法,考虑支设支柱及模板的劳动强度,一般用于水平或近水平煤层的充填开采。充填袋的布置方式,可分为袋式不留巷全部充填和袋式留巷全部充填两种,如图 7-23、图 7-24 所示。

该充填方法优点是能最大限度地保证充填效果,充填体由充填袋组成,即使个别发生溃袋,也不会对充填效果造成严重影响,充填的风险较小;缺点是工序繁多,劳动组织复杂,采充容易产生接续问题。

7.4.3 挡板(墙)置换充填

(1)柱式置换

先采一块煤,然后用挡板(墙)与煤壁隔成封闭空间,充填等体积的充填料浆,待其凝固硬化后,即能开采与之紧贴的一块煤,以此类推,这种用充填材料置换煤柱的方法,称为置换充填法,如图 7-25 所示。这种方法一般用于开采煤柱或与采煤方法中房柱式开采相结合进行采煤,实现充采结合。

该方法的优点是充采先后进行,生产接续较易掌控;缺点是产煤量不高。

(2)巷式置换

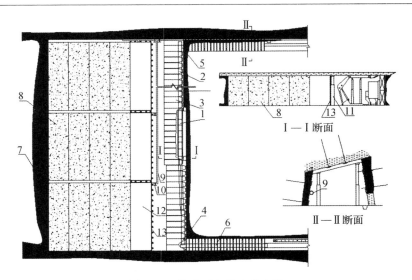

图 7-23　袋式不留巷全部充填

1——采煤机；2——刮板输送机；3——液压支架；4——下端头支架；

5——上端头支架；6——转载机；7——开切眼；8——已充填体；

9——充填管路；10——阀门；11——单体液压支柱；12——充填袋；13——充填模板

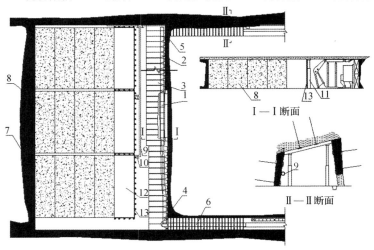

图 7-24　袋式留巷全部充填

1——采煤机；2——刮板输送机；3——液压支架；4——下端头支架；

5——上端头支架；6——转载机；7——开切眼；8——已充填体；

9——充填管路；10——阀门；11——单体液压支柱；12——充填袋；13——充填模板

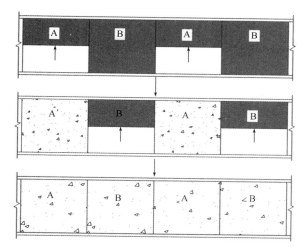

图 7-25　柱式置换充填

巷式置换充填采煤只适用于连续采煤机采煤,连采机实现割、装煤一体,运煤由梭车来完成,梭车往返于连采机和连运机之间,将采煤机割下的煤运至连运机,再由运输巷带式输送机将煤运出掘进工作面。

连采充填工作面一般采用双翼对拉开采,每两个采场巷道同时回采,采用采一留五的开采模式,采场巷道开采分为五个开采阶段,每个开采阶段完成后要及时对采场巷道进行充填。开采顺序为 A、G、B、H、C、I、D、J、E、K,之后开采边角煤,开采顺序为 F、M、N、O,如图 7-26 所示。

开采工艺流程为:安全检查交接班→梭车切槽→退机→采垛→退机→液压钻车临时支护→永久支护→清理浮煤、接风筒→验收自检→退机进入工作面另外一翼→开始另一个正规循环→安装充填管路→准备密闭成形系统→进行充填工作→充填结束→清洗管路→矿压观测。

7.4.4　挡板(墙)全部充填

挡板(墙)全部充填一般适用于仰斜开采方法。自开切眼到最小控顶距 3/5 处开始支设模板,布置充填管路,入料口位于模板最上方。如果工作面较长或采空区有部分落矸,可以沿工作面多布置入料管路,避免存在充填空区,增加充实率。如果是沿空留巷,留巷侧挡板(墙)水压较大,单体液压支柱排列密集,劳动量较大,效益不明显,因此这种方法一般不会设置沿空留巷,如图 7-27 所示。如果煤层厚度较小,倾角较大,顶板较好也可不设挡板(墙),如图 7-28 所示。

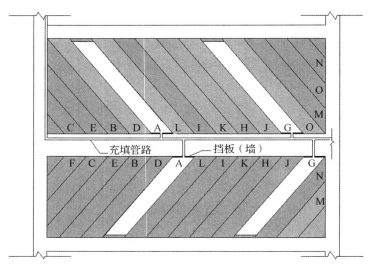

图 7-26　巷式置换示意图

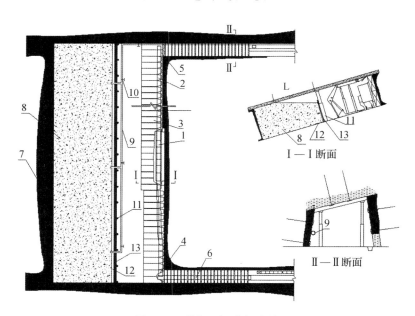

图 7-27　挡板(墙)全部充填

1——采煤机;2——刮板输送机;3——液压支架;4——下端头支架;

5——上端头支架;6——转载机;7——开切眼;8——已充填体;

9——充填管路;10——阀门;11——单体液压支柱;12——防水塑料布;13——挡板(墙)

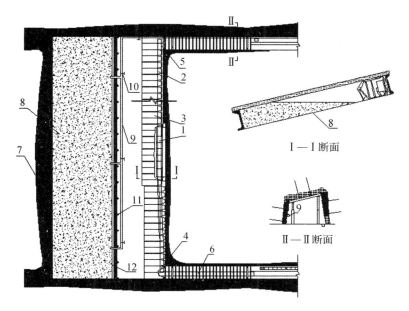

图 7-28　不设挡板(墙)全部充填

1——采煤机;2——刮板输送机;3——液压支架;4——下端头支架;

5——上端头支架;6——转载机;7——开切眼;8——已充填体;

9——充填管路;10——阀门;11——单体液压支柱;12——防水塑料布

挡板(墙)全部充填的优点是充填系统较简单,充填材料快速胶结固化,与原煤层顶底板形成完整地质体,能最大限度地实现回采煤层上覆岩层无破断、地表无明显沉陷的"零沉陷"充填开采;缺点是充填量较大,充填成本较高。

7.5　充填工序

充填施工工序包括:移架、支护、清理,工作面准备,活化、制浆,料浆输送,清洗充填泵及管路,拆模等方面。

(1)移架、支护、清理

工作面向前推进的过程中,要尽量采取措施保证待充填段顶板完整。工作面每向前推进一个步距,需及时支护顶板,视顶板的破碎程度采取相应的支护措施。充填前,需将充填空间杂物清理干净,并将该空间顶底板整理平整。

(2)工作面准备

① 支模、挂袋

a. 支设支柱；

b. 在支柱内侧搭建充填框架，然后在充填框架内吊挂充填袋，确保充填袋铺设到位，保证材料充填时袋子能充满所要充填的空间而不被材料压住；

c. 充填袋吊挂完成后将充填袋出气口放平，不能折压。

② 支设挡板（墙）。

a. 支设单体液压支柱；

b. 将模板固定在单体液压支柱上；

c. 将防水塑料布铺设在模板及靠近模板底部的底板上，将铺于底板的防水塑料布用碎矸石压住。

（3）活化、制浆

① 准备材料。按照预先制定好的充填方案计算需要制备多少体积的浆液，在活化制浆站内备足所需的充填材料。如制浆系统在井下，则充填材料以专用袋的形式由矿车运至井下材料存放点。

② 试机。检查所有设备是否能正常运转。

③ 上料。井上通过离心泵、螺旋输送机、皮带输送机等上料；井下通过密相气力输送装置、单轨吊车上料。

④ 活化。开启活化搅拌设备后先加入水，再同时加入粉煤灰和活化剂，搅拌 5～15 min 后开始陈放，陈放期间每隔 1～2 h 搅拌 5 min，陈放时间为 2～8 h，陈放时间也可适当延长，但一般不能超过 24 h。

⑤ 制浆。将灰浆从活化搅拌设备内转载到制浆设备中，或无须转载，直接加入生石灰、石膏、早强缓凝剂，搅拌 5～15 min，最后加入速凝剂，搅拌 5～10 min，即制得成浆。

（4）料浆输送

① 检查。活化制浆之前检查确定充填泵工作状况正常、管路畅通后，方可进行材料的输送；此外要注意观察设备的工作压力和状况，管路堵塞时立即停机进行处理。

② 工序。制浆系统制浆前，首先泵送清水，确保管路畅通；然后开始活化、制浆过程；浆液进入充填模板时，要观察材料的平流堆积状况，材料要充满充填模板并充分接顶。

③ 堵管事故处理。由于充填料浆的可泵时间很短，因此一旦发生堵管必须立即处理，否则料浆在管道中固结后很难处理。固结后的处理的方法是：堵管后立即分段卸开各段管道，用清水将各段管道中的料浆冲洗出来，为了争取处理时间，各段管路的清洗应同时进行，这样可在最短的时间内清通管道，最

大限度地减小对生产的影响。

（5）清洗充填泵及管路

充填工作完成后，必须进行充填泵和充填管路的清洗。

① 浆液泵送完毕后，关闭渣浆泵，开启压风，同时向制浆设备内放入清水不停地搅拌。

② 当充填管出口排出压风带着雾状的充填浆液时，关闭压风，开启渣浆泵，用清水冲洗渣浆泵和充填管路。

③ 充填管出口出现清水时，开启压风，将充填管路中剩余残液排出管外，并打开管路低点阀门，排出管路内的清洗残留水至水沟。

④ 打扫充填硐室及充填地点。

（6）拆模

为了使充填墙体能够达到质量要求，充填时要确保每个充填体与顶底板充分接触；另外由于充填材料凝固需要 1.5 h，因此要确保承压能力达到要求后，再重新移动、调整充填支架模板或重新砌筑挡墙。

8 双鸭山新安矿巷旁充填应用实例

8.1 工作面条件及充填参数计算

8.1.1 工作面条件

依据现场实际条件选择综三工作面作为巷旁充填无煤柱开采工业试验地点。

新安层综三工作面平均煤厚为 2.2 m,倾角为 36°~40°,平均为 38°。煤质松软破碎,厚度无太大变化。预计本采面相对瓦斯涌出量为 6~7 m³/t,绝对瓦斯涌出量为 5 m³/min。直接顶为粉砂岩,厚度为 2.6 m,硬度系数 $f=3$~7;基本顶为细砂岩,局部含有中砂岩,厚度为 6.55 m,硬度系数 $f=8$~10;直接底为粉砂岩,厚度为 1.8 m,硬度系数 $f=3$~7。

综三工作面的顶底板情况如表 8-1 所列。

表 8-1 顶底板情况表

顶底板名称	岩石名称	厚度/m	特性
基本顶	细砂岩	6.55	灰白色,局部夹有中砂岩,分选中等,次棱角状,具有水平层理
直接顶	粉砂岩	2.60	灰黑色,岩石完整,致密具有水平及波状层理,坚硬
直接底	粉砂岩	1.80	灰色,底板完整,坚硬具有水平层理

试验工作面采用综合机械化采煤工艺,每刀推进度最大为 800 mm,下巷运输巷是留巷巷道,作为下一工作面的回风巷,巷道净断面积为 12.4 m²。

8.1.2 充填参数计算

(1)充填体强度

根据已掌握的新安矿综三工作面围岩岩性构成、开采深度和开采工艺条件下的矿压显现规律,计算确定充填体的最小极限支撑强度。根据沿空留巷顶板与充填体的相互作用关系,推导出巷旁支护阻力简化公式如下:

$$P = \frac{1}{2}nrh\left[a^2 + (n-1)ah\tan\alpha + \frac{(n-1)(2n-1)h^2\tan^2\alpha}{6}\right] +$$

$$\frac{1}{2a}[a + (n-1)h\tan\alpha]rhL_n + \frac{R_nh^2}{12}$$

式中　P——巷旁支护体的支护阻力,10^6 N/m;

　　　a——巷道维护宽度(巷内宽度与巷旁支护宽度之和),m;

　　　n——总垮落层数;

　　　r——第1~n层的岩层平均容重,MN/m³;

　　　h——切顶岩层的分层厚度,m;

　　　α——切顶岩层垮落角,(°);

　　　L_n——第n层岩层的垮落顶板岩块长度,m;

　　　R_n——第n层岩层的抗拉强度,MPa。

根据上式计算得出的巷旁支护阻力和室内试验所确定的富水速凝胶结材料充填体的物理力学指标,计算确定其他参数。

根据综三工作面的地质条件,并考虑安全性和简化计算,取工作面顶板的平均分层厚度为 0.8 m,切顶的总高度为 7.23 m,则

$$P = 1.7 \times 10^6 \text{ N/m}$$

即巷旁支护强度不低于 1.7×10⁶ N/m,若采取巷旁支护的宽度为 1 m,则要求巷旁支护体的强度不得低于 1.7 MPa,富水速凝胶结充填材料的力学性能可以完全满足巷旁支护的要求。

(2)巷旁充填体尺寸

巷旁充填体的尺寸主要是指每次充填所需要的充填体的长度、宽度和高度。

① 充填体长度的确定

每次充填的长度主要取决于工作面推进的进度和充填作业制度。该工艺每天充填一次,充填一次可以充填多袋,一班充填作业,即两班生产、一班检修充填,若一班生产能割煤 2 刀,每刀 800 mm,检修班能割煤 1 刀,所以工作面每天推进 4 m,则每天(一班)充填长度为 4 m。

② 充填体宽度的确定

充填体的宽度主要取决于围岩所要求的切顶力、充填体强度及充填成本。

根据计算,充填体宽度为 1 m 即可,但考虑生产安全及充填框架的搭建

方便问题,取充填宽度 1.5 m,并要求充填体强度 1 d 能达到 2.0 MPa 以上。

③ 充填体高度的确定

理论上的充填体高度就是工作面的采高,实际的充填体高度等于被充填空间的高度。

8.2 充填系统

(1) 计量上料系统

沿空留巷所用材料为井下水、袋装干粉煤灰、袋装活化剂、袋装硫铝酸盐水泥、袋装早强缓凝剂、袋装速凝剂、袋装生石灰、袋装脱硫石膏。井下水用流量器计量,用离心泵输送。干粉煤灰、活化剂在井上按比例装入密相气力输送装置,通过轨道平板车下井后采用风力输送至搅拌池。同理,按比例将水泥、早强缓凝剂、速凝剂、生石灰、脱硫石膏装入密相气力输送装置,通过平板车、风力输送至搅拌池。

(2) 制浆系统

采用在硐室内底板砌池制浆系统,系统主要由制浆池、搅拌器和阀门组成。

结合试验工作面实际情况,将制浆硐室设置在 −500 刀型车场石门尾处,硐室长 24.2 m,宽 2.6 m,高 3.5 m。为满足一次最大充填量的需要,在硐室设置 8 个制浆池,制浆池直径 2.4 m,池内深 1.5 m,并在池子内做防水处理。池子上面铺设槽钢,以架设搅拌机和电动机、减速机,减速机和搅拌叶相连。为防止制浆池上面的搅拌机转动后有杂物或人员掉入制浆池,在制浆池上方铺上木板,只留下一个加料口,向制浆池内加入材料前,在加料口处铺上筛网。硐室活化制浆池布置如图 8-1 所示。

搅拌器工作原理:由防爆电动机带动摆线针轮减速器,通过刚性联轴器传动搅拌叶进行旋转搅拌,搅拌叶为开启涡轮式三层折叶结构。

ZJ10 型井下搅拌器性能参数见表 8-2。

表 8-2　ZJ10 型井下搅拌器性能参数

电动机型号	电动机功率 /kW	电动机转速 /(r/min)	搅拌器转速 /(r/min)	搅拌器外形尺寸 /mm	质量 /kg
YBK2-180M-4	18.5	1 470	80	1 300×3 124×1 300	850

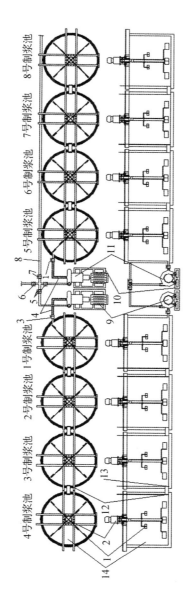

图8-1 硐室活化制浆池布置图

1——搅拌叶; 2——搅拌电动机; 3——搅拌池出料口蝶阀; 4——渣浆泵吸料软管; 5——渣浆泵出料管控制阀; 6——风阀开关; 7——充填主管路控制阀; 8——充填管路; 9——渣浆泵电动机; 10——渣浆泵底座; 11——渣浆泵; 12——搅拌池闸阀; 13——搅拌池闸阀; 14——搅拌池

8 个制浆池中每 4 个通过阀门连接在一起,根据每天充填量确定所需要的制浆量,再确定每次使用制浆池的个数。制好浆液后将连接制浆池的阀门打开,同时通过输送泵泵送浆液。制浆池闸阀如图 8-2 所示。

图 8-2　制浆池闸阀

（3）管路泵送系统

管路泵送系统主要由充填泵和阀门组成,在整个系统当中起到了将浆液通过管路泵送到充填地点的作用。

充填泵的选型要求:充填泵在 10 min 内把一个制浆池内的 6 m³ 充填浆液全部泵送完成。根据充填浆液的流动性能及特点,选择渣浆泵为充填泵。由充填浆液的密度为 1.4 kg/m³,管路全长780 m,有 5 个 90°弯头,可算出沿程阻力,进而选出渣浆泵的扬程和流量。

为了使渣浆泵充分发挥其功能,延长使用寿命,节约能源,必须尽量使渣浆泵的选型合理。如果选型不当,渣浆泵在运行过程中,可能发生抽空、气蚀、泵件损坏加速、效率下降和电机过载等不良现象,耽误沿空留巷充填的进行。

根据现场充填的经验公式得出充填管阻力简化计算公式如下:

$$H = \frac{v^2}{2g}(1+\varepsilon)\lambda_n \cdot \frac{L}{D} + \gamma_n \Delta h$$

输送充填浆液管路损失扬程计算公式如下:

$$H' = i_n \cdot L + \gamma_n \cdot \Delta h$$

式中　ε——局部阻力占沿程阻力的比值系数;

　　　Δh——几何高差,即静扬程,m;

　　　D——输送管内径,m;

　　　v——浆体的平均流速,m/s;

　　　L——输送充填浆液的管路长度,m;

λ_n——充填管路的阻力系数；

l_n——充填管路的平均坡度，%；

γ_n——充填浆液的密度，g/m^3。

设计流量 $Q=100\ m^3/h$，几何高差 $\Delta h=30\ m$，管路长度 $L=780\ m$，充填浆液的密度 $\gamma_n=1.4\ g/m^3$，输送管路内径 $D=90\ mm$，由此得出：充填管阻力 $H=23.9\ m$，沿程阻力 $H'=24.5\ m$。

根据计算结果和现场环境等要求，最后选择的充填泵是山东神力渣浆泵科技有限公司生产的型号为 65ZO-35 的渣浆泵，其流量为 170 m^3/h，扬程为67.2 m，采用单级单吸、轴向吸入悬臂卧式离心泵，其通过叶轮旋转产生离心力，从而达到浆体输送的目的。渣浆泵及电动机型号如表 8-3 所示，现场实物照片如图 8-3 所示。

表 8-3　渣浆泵及电动机型号

型号	功率/kW	流量/(m^3/h)	扬程/m	转速/(r/min)	电动机		
					型号	功率/kW	转速/(r/min)
65ZO-35	90	170	67.2	1 470	YBK2-280M-4	90	1 480

图 8-3　渣浆泵

泵送系统中的阀门主要用于控制备用泵的使用。当正常泵送浆液时，一旦渣浆泵出现故障，可通过调整阀门，使备用泵开始泵送充填浆液，保证沿空留巷的正常施工。

（4）单管路输送系统

管路输送系统在整个充填系统当中起到承载运输充填浆液的作用，它主要由充填管路和阀门组成。

对充填管路有以下要求：

① 充填浆液在管路内流动时，对管路有一定的压力，要求充填管路有一定的承压性能。

② 充填浆液为碱性，要求充填管路具有较强的耐腐蚀性。

③ 为了使得成浆在管路中的流动性能良好，要求充填管路内壁光滑，摩擦力小。

矿用钢管具有承压性能好、不收缩变形等优点，但其抗腐蚀性、耐磨性较差，而且质量大，管内壁摩擦力大，不适合用于充填浆液的运输。

超高聚乙烯管材抗腐蚀性和耐磨性优于矿用钢管，且具有一定的弯曲性能，一般长度不大于 6 m，质量小，便于架设和搬运，铺设灵活，管内壁摩擦力小，而且采用法兰盘连接，密封效果好；其缺点是承压性能较差。

根据以上特点，选择科研组与哈尔滨第四塑料厂共同研制开发的特种输送管路为充填管路，其内径为 90 mm，厚度为 6.5 mm，壁厚偏差为 10%，不圆度为 2%，拉伸强度为 15.0 MPa，拉断伸长率为 380%。所有管路采用法兰盘连接，法兰盘如图 8-4 所示。

图 8-4　法兰盘

充填管路通过采用双股粗铁线将其捆绑在带式输送机的架子上来固定，要求捆绑结实，弯头处全部架设支柱，并用管夹固定，防止充填浆液在管路内将弯头冲开。充填管路如图 8-5 所示。

为防止意外事件的发生，在充填管路的中间加设阀门。一旦充填地点发生紧急突发事件，可以将充填管路中间的阀门打开，避免浆液在管路内停滞时间过长将充填管路堵塞。

对于整个单管路输送系统最重要的阀门是压风控制阀，当用渣浆泵将充填浆液泵送完毕后，立刻开启压风控制阀，利用风压将残留的充填浆液"顶"到充填地点。

图 8-5　充填管路

（5）浆液袋式封闭成形系统

浆液袋式封闭成形系统主要由充填袋、充填框架（木支柱、单体液压支柱、孔径 100 mm×100 mm 金属网）、充填软管等组成。

充填袋高 2.7 m，宽 1 m，长 4 m，采用防水耐腐蚀的高分子材料定制而成，抗拉强度为 2.3 MPa。充填袋的设计时要求在充填袋的边角上面缝制挂环，在充填模板搭建完毕后，将充填袋打开，然后整齐地放入充填框架内；再将充填袋边角上面的挂环用 12 号铁线固定到充填框架上面，让充填袋打开后呈长方体；最后将充填袋的入料口和充填软管相连，充填袋的出气口应打开，不能让其折曲。

搭建充填框架时，要在巷道中靠近采空区一侧用木支柱支护，充填完毕后不回收，靠近巷道一侧用单体液压支柱，充填完毕后回收，在木支柱和单体液压支柱支护完毕后，在其内部用金属网搭建，最后完成的框架上下为巷道顶底板，四周为搭建平整的金属网。之后在搭建完的框架内挂充填袋，将充填袋上面的挂环用铁线固定在充填框架内，确保充填袋整齐。当进行系统测试时，需将充填软管从充填袋中拔出，正常充填时，再将充填软管重新插入到充填袋内。

8.3　施工设计及工艺流程

8.3.1　施工设计

（1）人员分配

根据系统的设计，沿空留巷工作人员分配如下：制浆硐室 5 人（2 人负责加料、2 人负责控制阀门、1 人负责控制开关），充填工作面 2 人（负责拆除上班的充填框架和架设本班的充填框架），地面材料站 2 人（负责向井下运送充填材料),共需要 9 人。

(2) 材料准备及运输

根据新型巷旁支护充填材料配比,每班的充填量计算公式如下:

$$V = L \times W \times H$$

式中　V——巷旁支护充填体体积,m³;

　　　　L——巷旁支护循环充填长度,m;

　　　　W——巷旁支护充填体宽度,m;

　　　　H——巷旁支护充填体高度,m。

按配方计算,每立方充填体需用固料 0.728 t,每次充填固料用量为

$$M_{固} = V \times 0.728$$

每次充填用水量为

$$M_{水} = V \times (1 - 0.728)$$

综三工作面运输巷共留巷 600 m,充填总体积为

$$V_{总} = 600 \times W \times H$$

固料总用量为

$$W_{总(固)} = V_{总} \times 0.728$$

总用水量为

$$W_{总(水)} = V_{总} \times (1 - 0.728)$$

根据公式 $V = L \times W \times H$ 以及新安煤矿综三工作面条件,循环充填长度 4 m,宽度 1.5 m,平均高为 2.2 m,则 $V = 4$ m $\times 1.5$ m $\times 2.2$ m $= 13.2$ m³。

每立方需用固料 0.728 t,每次充填固料用量为 $13.2 \times 0.728 = 9.61$ t。

每次充填用水量为 $13.2 \times (1 - 0.728) = 3.59$ t。

综三工作面运输巷充填总体积为 $600 \times 1.5 \times 2.2 = 1\,980$ m³。

固料总用量为 $1\,980 \times 0.728 = 1\,441.44$ t。

总用水量为 $1\,980 \times (1 - 0.728) = 538.56$ t。

井下制浆池最大体积为 6.8 m³,有效制浆体积为 6 m³,依据实际充填量确定当班制浆池使用数量。

(3) 充填空间临时支护

在工作面后方,靠近巷道一侧架设单体液压支柱(在充填结束后回收),靠近采空区一侧架设木支柱。充填体长边侧单体液压支柱间距为 40 cm,短边侧为 75 cm,木支柱间距为 20 cm。工作面后方临时支护作为充填框架的一部分,如图 8-6 所示。

(4) 支模挂袋

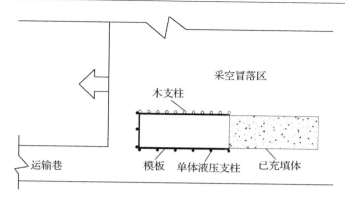

图 8-6　待充填空间临时支护示意图

　　先拆除前一循环巷旁充填框架,紧挨充填体搭建充填框架,采空区一侧采用木支柱,用木板皮钉好,此面木支柱不回收;其余三侧用单体液压支柱支设,支柱之间用金属网连接固定,网内铺废旧风筒布,风筒布在模板内应平整,不漏缝隙。架设模板要平整并重叠搭接,相邻木板皮(金属网)间不留空隙。

　　充填框架搭建完毕,在充填框架内吊挂充填袋,确保充填袋展开,吊挂平整、舒展。充填袋吊挂完毕后,将进料口与充填软管连接,将充填袋出气口放平,不可折压。

　　(5)系统测试

　　向制浆池内注入清水后,启动渣浆泵,开启相应阀门,将清水泵送至工作面。检查各个设备运行情况,得出系统是否可靠的结论。

　　(6)制浆和泵送

　　在 1 号制浆池内注入 4 m³ 的清水(如果需要多个制浆池,依次向 2 号、3号等制浆池内各注入 4 m³ 清水),开启 1 号制浆池搅拌器,向池内倒入定量粉煤灰,再向池内加入定量活化剂,搅拌 30 min(即活化 30 min)。然后加入除速凝剂外的其他原材料搅拌至少 10 min。待充填工作面发出充填信号,向制浆池内加入速凝剂,搅拌 3~5 min,打开相应阀门,泵送充填浆液。

　　如果需要多个制浆池,可按照制浆池顺序依次加料、制浆,连续泵送。

　　(7)系统清洗

　　当浆液泵送完毕后,关闭渣浆泵,开启压风,同时向制浆池内放入清水。充填工作面的人员观察充填管出口,当排出压风带着雾状的充填浆液时,通知搅拌硐室,关闭压风。开启渣浆泵,打开控制搅拌池与管路的阀门,清洗充填管路。冲洗程序结束后,打开管路低点阀门,排出管路内的清洗残留水,如图 8-7 所示。

图 8-7　放出最低管路处清洗残留水

8.3.2　工艺流程

充填工作主要由两个工作地点配合完成,分别是搅拌硐室、工作面。2 个地点的工作人员应相互配合,工作面充填站与搅拌硐室的泵送指令由工作面充填站发出,站点没有收到指令不得擅自开泵。充填人员应有较强的时间观念和较高工作效率,定岗定责,每个人都要熟练完成自己的工作,同时做好协助他人工作的准备。

(1) 充填工作面(充填地点)的操作程序

① 拆除上班充填框架,安装本班充填框架,挂好充填袋;

② 拆除上班充填体周围的临时支护;

③ 检查搭建好的充填框架和充填袋,通知制浆硐室;

④ 将充填管插入充填袋内,通知泵房准备工作完毕;

⑤ 充填体接顶后,通知制浆硐室,待充填体完全接顶后,将充填管拔出;

⑥ 扎紧充填袋入浆孔和出气孔,开始观察拔下来的充填管出口,发现出口喷出的是带有清水的水雾时,充填管路清洗工作完毕。

(2) 制浆硐室的操作程序

① 准备工作。

a. 电气人员检修泵、搅拌器、电控及信号系统,管工检查水管和风管是否正常,以及清除制浆池内的杂物,确保系统畅通无阻;

b. 按照要求向制浆池内放水,正式充填前必须要进行泵水、送风试验;

c. 当制浆硐室收到充填地点本次充填的高度通知后,准备本次用的充填材料;

d. 等待充填地点充填信号。

② 开始充填。

当制浆硐室收到开始充填的信号后开始制浆,并将浆液泵送至工作面充填袋中。

8.4 留巷效果

实现沿空留巷的技术关键就是对沿空留巷巷道围岩进行有效的控制。因为沿空留巷的巷道在工作面向前推进的过程中,会受到本工作面和下一工作面两次采动的剧烈影响,巷道围岩变形严重。因此,在生产工作面进行采煤时,能否有效控制和适应巷道围岩变形成为应用沿空留巷和保障安全生产的关键。

在没有进行沿空留巷时,采煤工作面向前推进之后,巷道顶板下沉量较大,下沉速度剧增,有的巷道甚至被垮落岩石堵上。综三工作面运输巷进行沿空留巷后,由于巷旁充填体早期强度发展迅速,从而有效地阻止了运输巷的围岩变形。同时由于每两个相邻充填袋之间以及充填体与顶底板之间的密实性很好,留巷期间多次观测留巷的漏风情况,实测发现巷道几乎不漏风,从而有效地阻止了采空区有害气体的溢出和采空区煤的自燃。

8.5 效益分析

充填沿空留巷技术在综三工作面试验后,在七采负 300 六层右片及负 520 十二层左片进行了应用。

传统的设计是每条巷道留设 10 m 宽的煤柱,煤厚平均在 1.4 m,800 m 长的巷道,留设煤柱损失的煤量为 1.5 万 t,按吨煤 280 元计算。留设煤柱损失 420 万元。应用该技术后,全成本为 1 128 元/m,800 m 留巷费用为 90.2 万元,减少损失 329.8 万元。

在新安矿大力推行沿空留巷技术后,不仅缓和了综三工作面的采掘关系,而且延长了新安矿的服务年限。

9 白山八宝矿立井水采充填应用实例

9.1 充填试验工作面

9.1.1 基本概况

八宝煤业公司(以下简称八宝矿)是通化矿业(集团)有限责任公司子公司之一,位于吉林省白山市江源区砟子镇,行政区隶属白山市管辖,距白山市11.6 km。

八宝矿立井开拓方式为立、暗斜井多水平分区石门开拓。立井开采的煤炭资源已经枯竭,停止了回采,但该井仍为八宝矿供风排水服务。立井工业广场煤柱地质储量为 388 万 t,可采储量为112 万 t。为有效合理开采煤炭资源、增加企业效益,通化矿业(集团)有限责任公司拟定开采该煤柱。

工业广场煤柱范围内地面建筑情况:有照住宅面积 30 000 m²(980 户)、无照住宅面积 20 300 m²,工商户面积 6 600 m²(95 户),原矿机关及立井建筑面积 6 500 m²。另外,有一座选煤能力 100 万 t/年,面积 7 500 m²,产值7.006 亿元/年,净利润 1.806 亿元/年的选煤厂。

若采用常规垮落法回采该煤柱,势必造成地表下沉,使现有井筒及地面民用、工业设施(如洗煤厂)遭到破坏。为保证设施的正常使用,在有效保护现有井筒的前提下,同时为后期八宝矿的防治水工作提供有利的技术条件,必须采用充填技术回采。

为保证立井工业广场煤柱安全、经济回收,集团公司多方查阅科技资料并咨询专家,组织人员多次赴山东、黑龙江等地,对控制地表下沉的采空区充填法进行了考察。通过考察并结合八宝矿立井的实际情况,与黑龙江科技大学联合成立了"通化八宝煤业立井煤柱绿色开采技术与示范工程"项目组。

结合富水速凝胶结材料充填采煤技术成果,项目组开发了生产立井井筒保护煤柱水采充填安全开采技术,开展了井筒煤柱充填回收试验。井筒周围建筑物航拍图如图 9-1 所示。

图 9-1 井筒周围建筑物航拍图

9.1.2 煤层顶底板情况

采区位于立井＋3211 区 N_4 煤层,该采区煤层赋存形态为单斜构造。采区顶板为粗粒砂质胶结砂岩,直接底为黑色含植物化石碎片的泥质岩,基本底为中细粒径砂岩,顶底板构造如表 9-1 所列。

表 9-1 顶底板构成

顶底板名称	岩石名称	厚度/m	岩性特征
直接顶	砂岩	10.0～16.7	粗粒,灰白色,矽质胶结
		15.0	
直接底	页岩	0.5～1.5	黑色,含植物化石碎片
		1.0	
基本底	砂岩、泥岩	7.5～15.0	中细粒,黑灰色。近 N_5 层煤处含条带
		11.0	

9.1.3 采煤方法及采煤工艺系统

(1) 采煤方法

采区位于立井＋3211 区 N_4 煤层。工作面上至－242 m 标高,下起－303.3 m 标高,煤层走向长 356 m,煤层倾斜长165.0 m,平均厚度为 3.0 m。

根据八宝矿立井煤层的地质赋存条件、采区上方建筑物保护等级及综合经济效益,采用小阶段水力胶结充填采煤法,以控制岩层移动,减小地表沉陷,减轻对地面建筑物的破坏程度。

（2）水力采煤工艺系统

① 落煤方式:水枪落煤。

② 装煤:落煤通过水力作用进入溜煤槽。

③ 运输方式:水枪冲刷落下的煤泥依次经溜煤槽、采区集中上山、采区－315 m标高运输石门到达－400 m水平捞坑。然后煤泥经过脱水溜子分选,分选出的块煤运入－416 m标高储煤仓,而留下的煤水依次经过脱水筛、浓缩仓、斜管仓、底流泵最终到过滤机。在过滤机中加入化学试剂搅拌后过滤出的煤泥通过铸石刮板输送机最终输送至－416 m标高储煤仓。

④ 支护:采用 U 型钢棚及锚网支护。

⑤ 顶板管理:全胶结充填处理采空区。

9.2　充填系统

9.2.1　充填系统设计原则

充填系统是各个充填环节科学的组合,涉及采矿、安全、机电、土建、自动化控制等多个专业。结合八宝矿立井实际情况,充填系统应满足以下条件:

① 煤矿胶结充填材料满足低成本、来源广的要求,尽量选取煤矿所属矸石山与矿区附近的粉煤灰;

② 为降低地面充填站基建成本,尽量考虑自流输送浆液;

③ 管道输送应满足充填制浆需求,并建设自动化控制设施,尽量达到满管输送;

④ 为不影响充填作业,设计仓储规模时,需要有一定的预留空间;

⑤ 考虑白山市冬季极寒天气,防止充填材料受到影响,需制定必要的防潮、防冻措施;

⑥ 为减少人为误差,提高充填效率,尽量实现系统自动化控制;

⑦ 为延长设备使用寿命,保证人员健康,应对充填站作业环境进行定期检测。

9.2.2 充填系统能力

设计充填系统生产能力 Q_1 表示如下：

$$Q_1 = Q_0/\rho_0$$

式中　Q_0——工作面日采煤量，取 1 500 t/d；

　　　ρ_0——煤的密度，取 1.4 t/m³。

代入得 $Q_1 = 1\ 071\ \text{m}^3/\text{d}$。

充填系统能力 Q_2 表示如下：

$$Q_2 = k_1 k_2 Q_1$$

式中　k_1——材料流失系数，取 1.02；

　　　k_2——浆液固化减少系数，取 1.02。

代入得 $Q_2 = 1\ 114\ \text{m}^3/\text{d}$。

充填工作采用"三八"工作制，与目前八宝矿立井的作业时间一致，充填工作面每天执行一个完整循环，充填工作每天安排两个班，在早班或中班进行。待试验系统优化、工人操作熟练后，可以在夜班安排充填。

9.2.3 充填系统组成

充填系统主要包括矸石破碎系统、上料系统、充填料制备系统、管路输运系统、设备清洗系统、除尘系统、井下充填系统、自动化控制系统等，如表 9-2 所列。

表 9-2　充填系统组成

系统名称	主要设备
矸石破碎系统	皮带输送机、破碎机、推土机等
上料系统	潜水泵、螺旋秤、螺旋输送机、皮带秤、皮带输送机
活化浆及充填料制备系统	皮带输送机、螺旋称、螺旋输送机、电磁流量计、振动筛、10 m³ 连续制浆罐
管路运输系统	φ159 聚乙烯管路及弯头、渣浆泵、电磁阀、电磁流量计等
设备清洗系统	高压水泵、电磁流量计
除尘系统	仓顶除尘器、袋式除尘器、库房除尘器
井下充填系统	充填袋、支架、模板
自动化控制系统	工业电脑、传感器、光缆、电路系统、PLC

9.2.4　地面充填站主要设施

（1）煤矸石厂房

按照每天最大需求量（$Q_m = 94\ m^3$）设计，煤矸石厂房有效容积 V_m 为

$$V_m = k_3 Q_m / k_4$$

式中　k_4——场地利用系数，取 0.8；

　　　k_3——富裕系数，取 1.3。

经计算得到煤矸石厂房的有效容积 V_m 为 152.75 m^3，设计煤矸石厂房容积为 160 m^3、长 8 m、宽 5 m、高 4 m，满足 24 h 充填煤矸石用量要求。煤矸石厂房如图 9-2 所示。

图 9-2　煤矸石厂房

（2）仓储设备

按照实际仓储防潮储料需求，采用钢板结构立式圆仓作为储料设备，如图 9-3所示。在实际工作中，粉煤灰日最大消耗量为 606 m^3，水泥日最大消耗量为 98 m^3，考虑仓储设备不能装得过满，因此在设计过程中需要留有一定的富余系数。综合考虑以上各因素，设计粉煤灰储料仓两个，有效高度为 9 m，容积为258.8 m^3；水泥储料仓一个，有效容积为 100 m^3。这两种储料仓的设计都留有 0.85 的富裕系数。考虑粉尘的问题，在每个储料仓顶部设置除尘器，而且为了储存的材料能够顺利取出，在储料仓底部还需安设振动装置。

（3）活化装置与制浆装置

活化装置的作用是按照材料配比将粉煤灰与活化剂进行混合并均匀搅拌，从而使粉煤灰活化。活化装置主要由活化罐及操作平台、潜水泵及渣浆泵组成。制浆装置的作用是按照材料配比将经过活化的粉煤灰浆液与水泥等其

图 9-3　仓储设备现场图

他辅料均匀混合,经过搅拌制浆后,利用渣浆泵将浆液沿充填管路输送至采空区。制浆装置主要由制浆罐及操作平台构成。活化装置与制浆装置如图 9-4所示。

图 9-4　活化装置制浆装置现场图

　　(4)脱硫石膏池

　　脱硫石膏含一定水分,直接上料效率较低。本项目将脱硫石膏与定量水混合成浆液后,通过流量计计量。

　　按照脱硫石膏池每班消耗量 10.7 t 计算,设计采用圆形混合搅拌池。脱硫石膏池池深 4 m、半径 2 m。

　　(5)水池

现场充填时需要有充足的水量，一方面要考虑充填制浆用水，另一方面也要考虑清洗管路和紧急情况用水要求。按照泵送剂每日消耗量 684 m³ 计算，设计采用直径为 15 m、高为 4.5 m 的圆形水池，其有效容积为 780 m³，基本满足正常充填用水需求。

（6）厂房

考虑白山地区冬季寒冷，把水泥仓、粉煤灰仓、水池等其他设施安置在专用厂房内，厂房内供水、供暖、供电由矿方负责。厂房内还应设置自动化控制室及相应的监视设施，对充填系统进行自动化控制。地面充填站厂房如图 9-5 所示。

图 9-5　地面充填站厂房

9.3　充填工艺

充填工艺流程从地面到井下可划分为：上料工艺、活化浆液及充填料制备工艺、充填料输送工艺、工作面充填工艺等。

9.3.1　上料工艺

上料工艺流程是指将粉煤灰、煤矸石、水泥及其他辅料称重，经由上料皮带输送至活化罐或者制浆罐的过程，该流程主要设备包括储料仓、螺旋秤、螺旋输送机、皮带输送机等。上料设备如图 9-6 所示。

9.3.2　活化浆液及充填料制备工艺

（1）活化浆液制备

图 9-6　上料设备

通过电磁流量计将定量的水注入活化罐中,然后将经螺旋秤计量后的粉煤灰及活化剂通过螺旋输送机输送至活化罐,最后搅拌后陈置活化。

（2）充填料制备

充填时,将完成活化的粉煤灰浆通过转载泵泵送入制浆罐中。将经螺旋称计量后的剩余原材料通过螺旋输送泵输送机输送至制浆罐,搅拌后制得成浆。

9.3.3　充填料输送工艺

根据八宝矿立井实际情况,试验选择泵送充填的方式,将充填料沿钻孔和输送管路输送至充填工作面。

为防止充填料制好后有突发状况发生,在制浆罐周围地面开挖应急沟槽,以方便充填料快速排出。充填管路如图 9-7 所示。

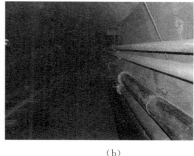

（a）　　　　　　　　　　　　　（b）

图 9-7　充填管路
（a）地面充填管路；（b）井下充填管路

井下管路布置应该注意：

① 水平巷道中铺设管路时，管路要有一定的坡度，有利于充填料输送和流动。

② 条件适合时，尽量减少弯头，减小充填料在管路中的阻力，避免因为管路铺设不合理而造成堵管。

③ 一般情况下，使用法兰连接管路时，在弯头处可以使用快速接头连接。

④ 保证管路段有良好的照明和通风等条件。

9.3.4 工作面充填工艺

根据现场充填的经验公式得知充填管路阻力简化计算公式为

$$P = \left[\frac{v^2}{2g}(1+\varepsilon)\lambda_n \cdot \frac{L}{D} + \rho_n \Delta h\right]/9.81$$

式中 P——充填管路阻力，kPa；

     v——浆液的平均流速，m/s；

     ε——局部阻力占沿程阻力的比值系数；

     λ_n——充填管路的阻力系数；

     L——输送充填浆液的管路长度，m；

     D——输送管路内径，m；

     ρ_n——充填浆液的密度，t/m³；

     Δh——几何高差，即静扬程，m。

输送充填浆液管路损失扬程计算公式为

$$H = i_n \cdot L + \rho_n \cdot \Delta h$$

式中 H——充填浆液管路损失扬程，m；

     Δh——几何高差，即静扬程，m；

     L——输送充填浆液的管路长度，m；

     i_n——充填管路平均坡度，%；

     ρ_n——充填浆液的密度，t/m³。

设计流量 $Q=100$ m³/h，几何高差 $\Delta h=30$ m，输送管路的长度 $L=780$ m，充填浆液的密度 $\rho_n=1.4$ t/m³，输送管路内径 $\phi=90$ mm，计算得出：$P=2.44$ kPa，$H=24.5$ m。

9.4 现场试验

9.4.1 现场充填概况

现场试验主要分两个阶段进行:第一阶段为充填系统的试运行阶段,时间为两个月;第二阶段为充填系统的正常运行阶段。八宝矿立井胶结充填开采第一阶段工业性试验选择在+3211区东一分层进行,工作面上方为废弃的厂房,顶底板岩性较好,风险较小,便于试验的开展。2012年10月27日,八宝矿立井+3211区东一分层充填工作面充填成功,至2012年底,分别对东一分层、西一分层进行充填开采,充填工作面主要为单体支护。

9.4.2 充填效果分析

为研究岩层移动和充填体及建筑物的破坏程度,分别设置岩层移动、充填体与地面沉陷观测装置。采空区充填后利用监测设备从下至上分别对充填体内部、充填区域顶底板移近量、充填区域上覆岩层以及地表下沉量进行观测。

(1)充填体观测

对充填体进行观测,发现充填体的边缘地带容易出现裂痕,而充填体核心地带均匀、致密,没有出现裂隙和断面。原因是边缘地带由于受到矿山压力的重新分布影响,应力集中,而核心地带受到顶底板和边缘地带的作用,处于三向受力状态,其承压能力比较大。因此,核心地带是控制上覆岩层移动的主要承载体,对充填效果起决定性作用。综上所述,充填体整体稳定,能很好地充填采空区。充填体如图9-8示。

图 9-8 工作面充填体

（2）顶底板移近量观测

研究发现，充填体区域顶底板的移近量对充填效果的影响最明显，在充填区域顶板内每隔 20 m 设一个观测点，充填后对顶底板移近量进行数据采集。通过现场实测可知，充填区域顶底板移近量在 60～120 mm，顶板最大下沉量为 142 mm。

（3）上覆岩层观测

使用 YS(B)型矿用全方位钻孔窥视仪观测充填区域顶板的深度破坏情况，只在靠近充填体垂直方向上发现有少量的裂隙发育，上覆岩层结构较完整，没有产生"三带"破坏。

（4）地表下沉量观测

在充填区正上方地面设立地表下沉观测装置，从工作面推进开始连续观测。数据显示，地表最大下沉量为 16 mm，在预期控制范围内，符合"三下"采煤要求，基本上保证地面建筑物无破坏。

9.5　效益分析

利用该充填技术累计回收主井煤柱 10.3 万 t，产生经济效益 4 120万元。该技术为开采相似条件下的立井井筒煤柱积累了宝贵经验。

10 七台河桃山矿条带式充填应用实例

桃山矿位于黑龙江省七台河市桃山区,由于剩余煤炭可采储量有限,年产量开始逐年减少,而工业广场、城区下的保护煤柱及条带开采煤柱仍占有大量优质煤炭资源。七台河矸石电厂排出的粗粉煤灰,属于粒径大于 45 μm、含碳量高、活性差的粗灰,废弃堆积野外,占用大量耕地,污染周边环境。2011 年,龙煤集团七台河矿业公司采用富水速凝胶结充填采煤技术,在井上活化粉煤灰,井上或井下制得成浆,采空区采用走向袋式部分充填方式,试验证明该技术既能防控地表沉陷,又能消耗大量废弃粉煤灰,实现了较大的经济及环境效益。

10.1 充填试验条件

（1）矿井概况

桃山矿九采区三井位于七台河市桃山区,生产经营管理隶属于七台河矿业公司,距七台河市中心约 2 km。

桃山矿区地表呈丘陵地貌,南部地势较高,海拔 250 m 左右,北部倭肯河床附近较低,最低海拔 160 m 左右,平均海拔 200 m。矿区范围发育两条主要河流,其中,发源于勃利县东部三区的倭肯河,在矿区北部边界以北 0.5 km 流至依兰县汇入松花江,为季节性河流。

九采区三井始建于 1996 年 11 月,1998 年 12 月投产,矿井设计生产能力为 6 万 t/a。

桃山矿九采区三井采用片盘斜井开拓方式,共有两条井筒,主井为轨道下山,用于进风、提煤、提矸、运料等,副井用于回风及行走。矿井采用走向长壁后退式采煤法,爆破落煤。主井为一段提升,提升机采用 JT-1200 型提升机,功率为 55 kW。

井下主要运输方式:运输大巷采用电机车牵引,0.6 t 翻斗式矿车运输,由主井升入地面。

（2）充填试验地点概况

充填试验地点选择桃山矿九采区三井 93 号煤层。

桃山矿九采区三井原先只开采上部煤层组即 85 号和 87 号煤层,自 2008 年起进入 93 号煤层开采,试验对右四片工作面进行充填开采,该工作面走向长 680 m,倾斜长 30～50 m。在回采 93 号煤层工作面过程中,工作面采用 SGW-30T 型刮板输送机运煤,采空区内采用留设木柱的方式进行顶板控制,木柱为直径不小于 140 mm 的桦木木柱配合 400 mm×200 mm×50 mm 的木帽,间距和排距均为 1.0 m,且木柱只设不收,设计是每回采 8 m 留设 6 m 宽的煤柱,而实际则是每推进 15 m 留设 6 m 宽的煤柱用以支撑顶板。

桃山矿九采区三井 93 号煤层厚度为 0.81～2.60 m,结构简单,煤层顶底板岩性均为细砂岩和粉、细砂岩互层。井筒斜长为 520 m,三片石门长 250 m,平均埋藏深度为 220 m。工作面斜长最小为 34 m,最大为 91 m,走向长约 680 m。煤层灰分为 37.61%,挥发分为 27.54%,胶质层厚度为 12 mm,发热量为 29.05 MJ/kg,煤种为焦煤。

10.2　充填系统及工艺研究

随着项目研发深入及试验矿井生产技术条件的变化,课题组研究开发了两套充填系统及其配套装置,并在桃山矿九采区三井进行了城区下煤层充填开采试验。

桃山矿九采区三井充填开采试验分两个阶段进行。第一个阶段为炮采工作面对应的地面活化井下制浆充填系统试验。因为活化后的粉煤灰浆不加速凝剂前 24 h 内不凝固,所以该系统的优点是在井下制成浆,输送成浆的管路较短,堵管的风险大大降低,缺点是将原材料运到井下增加了劳动量,不能满足大规模充填需要。第二阶段为机采工作面对应的地面活化制浆充填系统试验,活化粉煤灰及制成浆过程在井上完成,井下只有工作面充填系统。该系统的优点是在井上制成浆,大大提高了充填能力;缺点是成浆输送管路较长,增加了堵管风险,对充填工艺的可靠性要求较高。

10.2.1　地面活化井下制浆充填系统及工艺

第一阶段充填试验的炮采工作面生产能力较小,为了充分保证充填系统的可靠性,采用地面活化井下制浆的充填系统。系统主要由井上活化系统、井下制浆系统、管路泵送输送系统、工作面充填系统组成,充填系统及工艺如

图 10-1、图 10-2 所示。

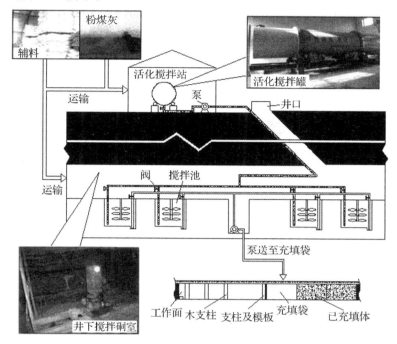

图 10-1　地面活化井下制浆充填系统

10.2.1.1　活化搅拌站

井上活化搅拌站位于桃山矿九采区三井前院内,到井口直线距离只有 28 m,地理位置合理。活化搅拌站周边 150 m 范围内配备有充足的水源、电源,且交通便利。

活化搅拌站的主要功能是对粗粉煤进行活化,活化结束加入除速凝剂外的原材料进行搅拌后泵送至井下搅拌硐室。

井上活化搅拌站是集加料、搅拌、设备及输送系统控制于一体的综合性地面工作站,包括工作区、储料区、供暖及生活区。活化搅拌站整体布置如图 10-3 所示。

井上活化搅拌站的主要设备包括粉煤灰活化罐、储料罐、回浆输送装置、渣浆泵(两台,备用一台)、可移动皮带输送机和水箱。

(1)粉煤灰活化搅拌罐

粉煤灰活化搅拌罐是将粉煤灰、水和激发剂混合搅拌 4～8 h 后,再加入

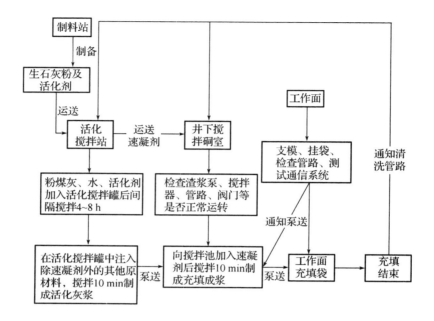

图 10-2　地面活化井下制浆充填工艺流程图

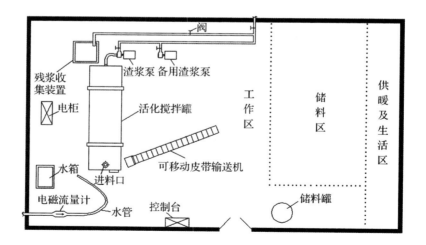

图 10-3　井上活化搅拌站整体布置图

除速凝剂外的原材料混合搅拌后泵送至井下搅拌池中。活化搅拌罐罐体直径为 2.3 m,长为 12 m,在架体上安装 4 台斜齿轮减速电机,经由弹性套柱销联轴器连接主动轮驱动搅拌筒上的轮圈,带动滚筒旋转,滚筒内部焊接螺旋搅拌叶(螺距 1 m),滚筒倾角为 3°,带动旋转搅拌。粉煤灰活化搅拌罐技术特征如表 10-1 所列,活化搅拌罐如图 10-4 所示。

表 10-1　粉煤灰活化搅拌罐技术特征参数表

容积	转速	倾角	电动机型号	电动机功率	总质量
50 m³	3 r/min	3°	R167-73.7-30 kW-M1	4×30 kW	26 450 kg

图 10-4　粉煤灰活化搅拌罐

(2)渣浆泵

渣浆泵(型号为 GMZ-80-65-180,流量为 113 m³/h,扬程为 29.5 m)主要用于将活化搅拌罐中的灰浆泵送至井下硐室,如图10-5所示。

(3)储料罐

储料罐主要用于少量粉煤灰的存储。由于粉煤灰罐车往活化搅拌罐中输料时存在一定的误差,因此需要储料罐中的粉煤灰来找平,如图10-6所示。

(4)残浆收集装置

残浆收集装置主要由卸压球阀、浆液回流槽及回浆管路组成。此装置主要用于活化后灰浆停止泵送后回流浆液的处理工作。

(5)可移动皮带输送机

可移动皮带输送机适用于输送堆积密度小于 1.67 t/m³,易于掬取的粉状、粒状、小块状的低磨琢性物料及袋装物料,输送能力为 50 t/h,被送物料温

图 10-5 渣浆泵

图 10-6 储料罐

度要求小于 60 ℃。

（6）水箱

水箱主要用于储存清洗活化搅拌罐的水、井上活化搅拌站用水及紧急情况下清洗输送管路的用水。

10.2.1.2 井下搅拌硐室搅拌泵送系统

搅拌泵送系统主要由 4 个搅拌池、4 个 ZJ10 井下搅拌器、1 台渣浆泵组成，如图 10-7 所示。

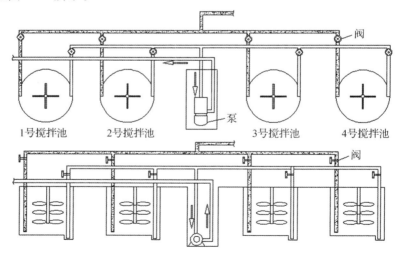
图 10-7 搅拌泵送系统示意图

（1）搅拌池及搅拌器

搅拌池深 2 m，直径为 2.6 m，有效容积为 10 m³。井下搅拌器如图10-8所示。

图 10-8 井下搅拌器

（2）渣浆泵

渣浆泵与井上渣浆泵型号相同，一台为工作泵，一台为备用泵。它主要用于将搅拌硐室中制好的成浆通过管路注入工作面充填袋中。

10.2.1.3 工作面充填系统

工作面充填系统由充填体（包括充填袋、模板、木头顶子）、充填软带、通信系统组成。

（1）充填袋

充填袋应具有足够的强度及抗静电与抗阻燃的性能，应采用防水耐腐蚀的高分子材料加工制作。充填袋接缝要结实牢靠。充填袋尺寸可根据煤层地质条件变化做适当调整，必须符合实际情况。

根据工作面长度、采煤进尺等因素，设计充填袋长 5 m，高 1 m，宽 2 m。充填袋结构如图 10-9 所示。

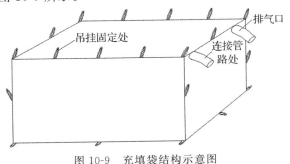

图 10-9 充填袋结构示意图

（2）模板

模板采用聚乙烯塑料软板,长 1 m,高 1 m,厚 2 cm,两个模板搭接距离不少于 10 cm。支护采用原桦木支柱,两支柱距离为 20 cm。

（3）充填软带

充填软带直径约为 13.5 cm,使用快速接头连接,每节 7 m,随着充填的进行,不断连接延伸。

（4）通信系统

通信系统用于工作面与制浆站之间的通信联系。

10.2.1.4　充填能力

试验表明,地面活化井下制浆充填系统及其配套装置满足充填技术要求,循环充填能力为 30 m^3,每昼夜完成 3 个充填循环,可充填 90 m^3。按充采比 50% 计算,工作面原班生产能力为 240 t,充填工作面年生产能力(按年工作日 300 d 计算)为 7.2 万 t,满足九采区三井炮采充填生产需要。

10.2.2　地面活化制浆充填系统及工艺

为大幅提高九采区三井生产能力,桃山矿决定将九采区三井与矿井主采区沟通,将原有两个炮采工作面合并为一个机采工作面。

为满足机采工作面需要,项目组研制了年生产能力 30 万 t 的充填系统,即地面活化制浆充填系统。该充填系统由活化制浆系统、管路泵送输送系统、工作面充填系统组成。系统示意图及工艺流程图如图 10-10、图 10-11 所示。

（1）活化制浆站

活化制浆站由供暖及生活区、储料区及工作区三部分组成。其中,工作区布置有活化罐(与上节同)、制浆罐、上料螺旋输送机、计量螺旋输送机、储料罐、垂吊上料装置等。活化制浆站整体布置如图 10-12 所示。

① 制浆罐

制浆罐的作用是制作充填成浆。制浆罐罐体高 2.34 m,长 4.764 m,直径为 1.87 m,电动机功率为 15 kW,减速机减速比为 1:87,搅拌轴转速为 1 450 r/min,容积为 10 m^3,运转方式为筒体不动,轴旋转,轴上带旋叶。制浆罐如图 10-13 所示。

② 上料螺旋输送机

上料螺旋输送机的作用是将称重后的充填原材料输送至活化罐或制浆罐。上料螺旋输送机长 6.2 m,直径为 218 mm,电动机型号为 Y132S-4,功率为 7.5 kW。

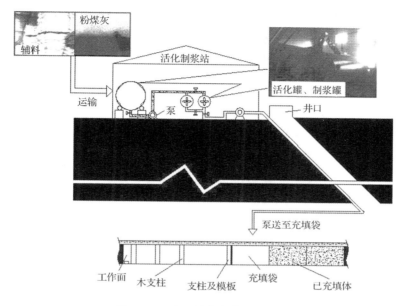

图 10-10 地面活化制浆充填系统

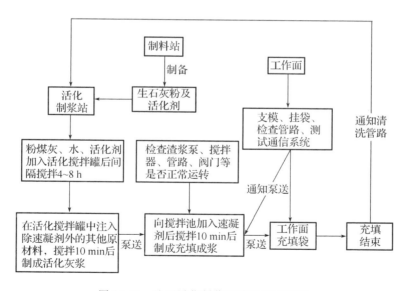

图 10-11 地面活化制浆充填工艺流程图

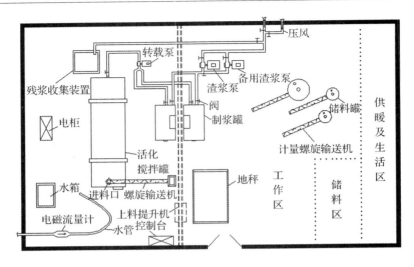

图 10-12　活化制浆站整体布置图

图 10-13　制浆罐

③ 储料罐

储料罐(见图 10-14)按照容积不同,有 6 m³、8 m³、17 m³ 三种。其中,6 m³ 储料罐高(从地面起)为 3.746 m,罐体直径为 2 m;8 m³ 储料罐高(从地面起)为 4 m,罐体直径为 2 m;17 m³ 储料罐高(从地面起)为 4.5 m,罐体直径为 3 m。

④ 计量螺旋输送机

计量螺旋输送机的作用是将储料罐内的充填原材料及各添加剂计量后运送至称重吨袋内。储料螺旋输送机体长 4.4～4.9 m,直径为 168 mm,电动机型号为 Y132S-4,功率为 7.5 kW。计量螺旋输送机如图 10-15 所示。

图 10-14　储料罐

图 10-15　计量螺旋输送机

⑤ 垂吊上料装置

垂吊上料装置的作用是将称重后的充填原材料及添加剂运送至活化罐内,然后进行活化。上料装置横梁高度为 5.4 m,吊钩最高高度为 4.5 m,最大载重量为 2.5 t。垂吊上料装置如图 10-16 所示。

图 10-16　垂吊上料装置

（2）充填能力

地面活化制浆充填系统循环充填能力为每次 130 m³,每昼夜完成 3 个充填循环,可充填 390 m³,按充采比 50％计算,工作面原班生产能力为 1 053 t,充填工作面年生产能力（按年工作日 300 d 计算）为 31.59 万 t,充填系统配套设备料浆输送能力为 600 t/h,充填浆液输送距离为 860 m。

10.3 充填方式及充填率

10.3.1 充填方式

试验工作面沿走向开采,顶底板条件良好,煤层倾角较大。充填方式采用沿走向条带式部分充填。充填体在采空区内,采用带状间隔布置。根据工作面长度及采煤进尺及煤层高度,设计充填袋长 5 m、高 1 m、宽 2 m。

为保证上、下两个接续工作面之间顶板能达到应有的稳定效果,要求上端头的充填条带距上巷的距离不超过 1 m;考虑接续工作面巷道布置,设计采用沿空留巷方式,故充填条带距下巷边界的距离以不超过 3 m 为宜,以确保上、下两个工作面采空区顶板的安全稳定。布置方式见图 10-17。

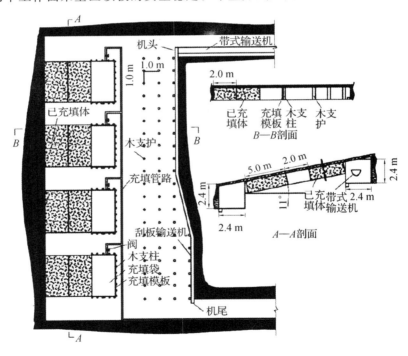

图 10-17 走向条带充填在采空区内的布置方式

10.3.2　充填率

依据桃山矿地质条件及条带开采经验,确定合适的充填率是保证充填效果的关键因素。根据煤层倾角及采煤进尺,设计充填袋的长度与宽度分别是5 m、2 m。采用 FLAC^{3D}数值模拟方法,分别对间距为 1 m、2 m、3 m、4 m 的情况进行模拟,来确定合理的条带间距。

(1) 三维数值模型的建立

① 模型岩体力学参数的确定

根据桃山矿九采区三井 93 号煤层及顶板岩石力学参数测定结果,结合莫尔-库仑模型进行数值模拟所需要提供的煤岩及充填材料物理力学参数(包括抗拉强度、剪切模量、体积模量、密度、黏聚力、内摩擦角)等,又考虑模拟的需要,把部分薄煤层忽略或整合到厚煤层中,最终确定本模型的煤岩体物理力学参数,如表 10-2 所列。

表 10-2　模型煤岩体物理力学参数

岩性	厚度/m	体积模量/GPa	剪切模量/GPa	抗拉强度/MPa	密度/(g/cm^3)	黏聚力/MPa	内摩擦角/(°)
上覆岩层	220.00	11.8	8.88	10.1	2.70	0.60	47.5
粗砂岩 1	1.59	16.5	4.50	7.9	2.06	20.80	40.0
中砂岩 5	1.16	18.9	5.30	9.3	2.22	25.90	45.0
粉砂岩 2	2.25	15.3	3.20	3.3	2.44	10.50	38.0
细砂岩 2	7.20	23.2	6.80	12.6	2.37	37.00	48.0
中砂岩 1	8.40	18.9	5.30	9.3	2.22	25.90	45.0
93 号煤层	1.00	6.9	2.10	3.3	1.40	5.53	30.0
底部岩层	50.00	12.1	9.83	10.2	2.25	35.90	47.5

当煤岩体在采动影响下应力会重新分布,一些区域将发生塑性屈服,其力学性质也会发生相应变化,对塑性区域进行应变软化处理,即调整其力学参数,以便更好地模拟工程实际情况。处理方式主要是根据应变的程度对黏聚力和内摩擦角进行弱化,应变量越大,则黏聚力和内摩擦角越小。

② 模型边界约束条件的确定

在模型侧边界施加水平约束,在底板施加水平与垂直约束,在模型顶部施加垂直载荷。

③ 模型范围的确定

模型以桃山矿九采区三井93号煤层为原型,沿走向长680 m,沿倾斜长40 m,模型高220 m,模型上表面为村庄居民区地表。模型沿走向和倾向网格划分,每网格1 m,模型三维立体网格如图10-18所示。

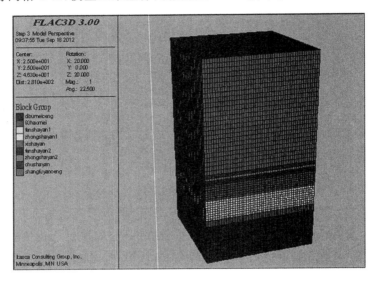

图 10-18　模型三维立体网格

(2) 数值模拟

① 条带宽度塑性状态图

条带间距为1 m、2 m、3 m、4 m的上覆岩层及充填条带的塑性区变化如图10-19所示。由图可知,充填条带间距为1 m、2 m时不仅能够保证充填条带的稳定,还保证了上覆岩层关键层的完好。当间距为3 m时,工作面走向方向上布置的5个充填条带中有1个充填条带发生部分破坏,同时上覆岩层关键层已部分发生破坏。当间距为4 m时,工作面倾向方向上布置的4个充填条带中有3个充填条带部分或者整体发生破坏,同时上覆岩层关键层也已部分发生破坏。最后确定充填条带间距为2 m。

② 条带充填开采地表变形预测图

为了确定村庄下93号煤层开采引起的地表下沉量,通过数值模拟分析,

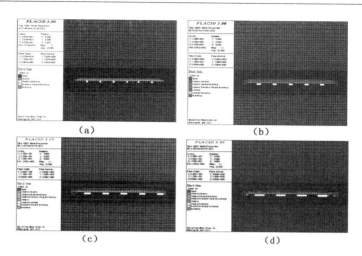

（a）　　　　　　　　　　　（b）

（c）　　　　　　　　　　　（d）

图 10-19　不同间距上覆岩层塑性状态变化图

（a）1 m 间距；（b）2 m 间距；（c）3 m 间距；（d）4 m 间距

得到了条带充填开采地表变形预测图，如图 10-20 所示。地表沉降量如表 10-3 所列。

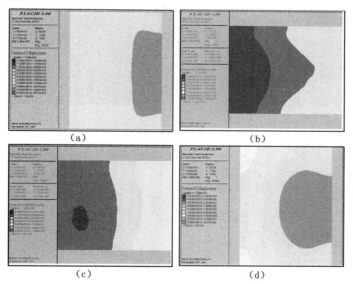

（a）　　　　　　　　　　　（b）

（c）　　　　　　　　　　　（d）

图 10-20　条带充填开采地表变形预测图

（a）距离垮落法地表变形边界 0 m；（b）距离垮落法地表变形边界 16 m；

（c）距离垮落法地表变形边界 32 m；（d）距离垮落法地表变形边界 48 m

表 10-3　沉降量表

位置	距离垮落法 地表变形边界 16 m	距离垮落法 地表变形边界 32 m	距离垮落法 地表变形边界 48 m
沉降量/mm	1.32	2.17	2.43

　　据此可知,走向条带充填法开采地表基本无沉陷,能够保证地表建筑物的安全,且符合相关规定,在桃山矿三井使用该技术充填率是合理和可行的。

10.4　充填效果

　　通过工业试验可知,充填材料与充填系统及工艺能够完全契合,形成了一套安全、环保、可靠的充填采煤技术。

　　工业试验充填体模板及支柱,如图 10-21 所示;固定充填袋及摆放入料口、排气口,如图 10-22 所示;充填 6 h 拆模后接顶效果,如图 10-23 所示。

图 10-21　工业试验充填体模板及支柱

图 10-22　固定充填袋及摆放入料口、排气口

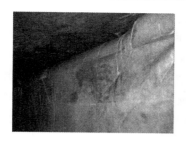

图 10-23 充填体 6 h 拆模后接顶效果

10.5 经济效益与社会效益分析

10.5.1 经济效益分析

该充填系统最大采充能力为 30 万 t 以上,预计年增产原煤 20 余万 t,可使桃山矿增收 1.2 亿元以上。对比条带法开采,采空区充填密实度达 95%,"三下"压煤采区采出率达 90%,采出率可提高 30%,每年可多回收煤炭 12 万 t。

10.5.2 社会效益分析

(1)永久煤柱开采突破

《建筑物、水体、铁路及主要井巷煤柱留设与压煤开采规范》对建筑物、水体、铁路下煤层开采规定了安全保护煤柱留设计算方法。黑龙江省老煤炭矿区一方面面临资源枯竭问题,另一方面需留设大量永久保护煤柱。

项目成果可用于安全回收各类永久保护煤柱,无矸石条件下每立方米充填体材料成本为 110~130 元;加入 30% 以上矸石,每立方米充填体材料成本在 70~90 元或 70 元以下。单面充填能力每年达 30 万 t。

仅七台河矿区各类保护煤柱形成呆滞煤量为 1.1 亿 t,应用项目研究成果可将保护煤柱全部开采,仅开采煤柱即可延长矿区服务年限 10 年,增加产值 660 亿元以上,对于缓解矿区资源枯竭,保证矿区社会经济稳定和发展具有重要意义。

在黑龙江省鸡西、双鸭山、鹤岗等矿区也存在相同的情况,该项目成果的应用对黑龙江省乃至我国中东部煤炭生产基地的煤矿企业均具有重要的现实意义。

（2）生态矿山及新型煤炭循环经济体系建设的技术保障

富水速凝胶结材料充填开采技术具有如下显著技术优势：

① 有利于消除多种煤矿灾害隐患，改善安全生产环境。

煤炭采出后，原有空间被充填体充满，消除了因采空区引起的大范围应力集中和围岩破坏、矿压显现；瓦斯、二氧化碳、矿井水等有害流体失去积聚场所；对于排除冲击矿压、煤与瓦斯突出、高承压水患等安全隐患，具有显著的技术效果；同时，由于取消了各类煤柱与采空区等封闭空间，可消除煤炭自燃引起的火灾隐患。

② 可回收各类永久保护煤柱，提高资源利用率。

安全回采"三下"压煤及各类煤柱形成的呆滞煤量，提高可采储量和煤炭采出率，延长矿井服务年限，为我国中东部矿区可持续发展提供技术支撑。

③ 为生态矿山建设、发展采矿循环经济提供核心技术保障。

该技术可实现开采煤层围岩不破坏，上覆岩层无明显扰动，地表无沉陷，不破坏地下水，无生态危害；同时，采空区充填为矸石不升井，为工矿、城市产生的固体废料资源化应用提供了可靠途径，对于矿区生态保护，发展循环经济均具有重要意义。

基于上述分析，项目研究为生态矿山及新型煤炭循环经济体系建设，提供了核心技术保障。

同时，随着该技术的逐步完善和推广，新型充填材料、充填系统及其配套装置的生产需求将大量增加，可催生直接用于生态矿山和环境保护的新兴产业，对于煤炭企业转型发展提供可靠的技术途径。

参 考 文 献

[1] CHEN W X,LI F Y,GUAN X H,et al. Research on mining water-rich fly-ash-based filling material[J]. Advanced materials research,2014, 988:201-206.

[2] CHEN W X,LI F Y,GUAN X H. Research on filling mining with fly ash-based cement materials[C]//Proceedings of the 2015 4th international conference on sensors,measurement and intelligent materials. [S. l. :s. n.],2016.

[3] CHEN W X,XIAO F K,GUAN X H,et al. The application of waste fly ash and construction-waste in cement filling material in goaf[J]. IOP Conference Series:Materials Science and Engineering,2018,292:1-6.

[4] COWLING R. Twenty-five years of mine filling-developments and directions[C]//Sixth international symposium on mining with backfill. Brislane: [s. n.],1998.

[5] HIROSE S,INOE K,NAGAOKA T,et al. Setting accelerrator for wet-sprayed concrete[J]. Magazine of concrete research,1988,2(11):41-47.

[6] HUYNH L,BEATTIE D A,FORNASIERO D,et al. Effect of polyphosphate and naphthalene sulfonate formaldehyde condensate on the rheological properties of dewatered tailings and cemented paste backfill[J]. Minerals engineering,2006,19(1):28-36.

[7] JU F,LI M,ZHANG J X,et al. Construction and stability of an extra-large section chamber in solid backfill mining[J]. International journal of mining science and technology,2014,24(6):763-768.

[8] MASSAZZA F,DAIMON M. Chemistry of hydration of cements and cementitious systems[C]//Proceedings of the 9th internatrional congress on the chemistry of cement. [S. l. :s. n.],1992.

[9] NANTEL J. Recent developments and trends in backfill practices in Can-

ada[C]//Sixth international symposium on mining with backfill. Brislane：[s. n.],1998.

[10] PIETERSEN H S,FRAAY A L A,BIJEN J M. Reactivity of fly ash at high pH[J]. Materials research society symposium proceedings,1989,178:139.

[11] SKEELES B E J. Design of paste backfill plant and distribution for the cannington project[C]//Sixth interational symposium on mining with backfill. Brislane：[s. n.],1998.

[12] WANG A Q,ZHANG C Z,SUN W. Fly ash effects：I. The morphological effect of fly ash[J]. Cement and concrete research,2003,33(12)：2023-2029.

[13] WANG C,TANNANT D D,PADRUTT A,et al. Influence of admixtures on cemented backfill strength[J]. Mineral resources engineering,2002,11(3):261-270.

[14] WEI F J,GRUTZECK M W,ROY D M. The retarding effects of fly ash upon the hydration of cement pastes：the first 24 hours[J]. Cement and concrete research,1985,15(1):174-184.

[15] 陈宏国. 粉煤灰提高钙基脱硫剂效率的研究[D]. 北京：华北电力大学,2005.

[16] 陈维新,付明超,刘世明,等. 粉煤灰基胶结材料袋式条带充填开采实验[J]. 黑龙江科技学院学报,2014(4):360-363.

[17] 陈维新,关显华,聂文波. 瞬态法瑞利波勘探技术在桃山煤矿的应用[J]. 煤矿现代化,2014(2):81-83.

[18] 陈维新,关显华,王维维,等. 一种用于方形抗压工程塑料试模的贴膜装置:ZL201320833375.7[P]. 2014-05-01.

[19] 陈维新,关显华,杨悦,等. 粉煤灰基胶结充填材料搅拌系统底部阀门装置:CN201820907210.2[P]. 2019-01-04.

[20] 陈维新,关显华,杨悦. 粉煤灰基胶结材料充填系统:ZL201720563742.4[P]. 2017-05-22.

[21] 陈维新,关显华. 粉煤灰基胶结充填采煤技术及应用[J]. 煤矿现代化,2014(3):16-18.

[22] 陈维新,李凤义,单麒源. 粉煤灰基胶结充填材料的流变特性[J]. 黑龙江科技大学学报,2019,29(1):105-109.

[23] 陈维新,李凤义,胡刚,等.粉煤灰基胶结充填材料早强剂实验研究[J].
黑龙江科技大学学报,2015,25(3):265-269.

[24] 陈维新,李凤义.粉煤灰基胶结充填材料基本性能的实验研究[J].黑龙
江科技大学学报,2015,25(4):375-380.

[25] 陈维新,杨胜斌,付明超.粉煤灰基胶结材料充填开采数值模拟研究[J].
煤,2015,24(11):4-6.

[26] 陈维新.粉煤灰基胶结材料充填采煤技术研究及应用[M].哈尔滨:东北
林业大学出版社,2016.

[27] 陈维新.建筑垃圾-粉煤灰基胶结充填材料实验研究[J].黑龙江科技大
学学报,2015,25(6):637-640.

[28] 陈云.粉煤灰渣路面混凝土的路用性能研究[D].重庆:重庆交通大
学,2010.

[29] 丁德强.矿山地下采空区膏体充填理论与技术研究[D].长沙:中南大
学,2007.

[30] 方军良,陆文雄,徐彩宜.粉煤灰的活性激发技术及机理研究进展[J].上
海大学学报(自然科学版),2002,8(3):255-260.

[31] 关显华,付明超,陈维新,等.集贤矿巷道破碎围岩中锚注技术应用[J].
现代矿业,2014,30(12):177-178.

[32] 关显华,付明超,陈维新.新建煤矿回采巷道顶板支护研究及应用[J].
煤,2014,23(10):25-27.

[33] 郭广礼,王悦汉,马占国.煤矿开采沉陷有效控制的新途径[J].中国矿业
大学学报,2004,33(2):150-153.

[34] 何国清,杨伦,凌赓娣,等.矿山开采沉陷学[M].徐州:中国矿业大学出
版社,1991.

[35] 胡华,孙恒虎.矿山充填工艺技术的发展及似膏体充填新技术[J].中国
矿业,2001,10(6):47-50.

[36] 蹇守卫,马保国,郝先成,等.建筑垃圾资源化利用现状与示范[J].建设
科技,2008(15):58-59.

[37] 雷雨滋.重庆低活性粉煤灰在基层中的应用研究[D].西安:长安大
学,2008.

[38] 李凤明,耿德庸.我国村庄下采煤的研究现状、存在问题及发展趋势[J].
煤炭科学技术,1999,27(1):10-13.

[39] 李凤义,陈维新,刘世明,等.粉煤灰基胶结充填材料试验研究[J].西安

科技大学学报,2015,35(4):473-479.

[40] 李猛,张吉雄,缪协兴,等.固体充填体压实特征下岩层移动规律研究 [J].中国矿业大学学报,2014,43(6):969-973.

[41] 李强,彭岩.矿山充填技术的研究与展望[J].现代矿业,2010,26(7):8-13.

[42] 李少辉,赵澜,包先成,等.粉煤灰的特性及其资源化综合利用[J].混凝 土,2010(4):76-78.

[43] 李颖,姚仁达,李超.建筑垃圾资源化利用研究[J].建筑技术开发,2007, 34(9):59-62.

[44] 刘可任.充填理论基础[M].北京:冶金工业出版社,1982.

[45] 刘世明,李凤义,王维维,等.顶板减沉沿空留巷技术研究与应用[J].煤 矿安全,2015,46(6):146-149.

[46] 刘同有,周成浦,金铭良,等.充填采矿技术与应用[M].北京:冶金工业 出版社,2001.

[47] 卢昌义,陶有胜.矿产资源开采对生态环境影响分析[J].福建环境,1998 (5):7-8.

[48] 卢央泽.基于煤矸石似膏体胶结充填法控制下的覆岩移动规律研究[D]. 长沙:中南大学,2006.

[49] 路世豹,李晓,廖秋林,等.充填采矿法的应用前景与环境保护[J].有色 金属(矿山部分),2004,56(1):2-4.

[50] 苗立霞.黄金矿山尾砂充填空区的数值模拟研究[D].青岛:青岛理工大 学,2007.

[51] 彭倩.矿山充填的自动控制研究与应用[D].西安:西安科技大学,2011.

[52] 任书霞,要秉文,王长瑞.粉煤灰活性的激发及其机理研究[J].粉煤灰综 合利用,2008,21(4):50-52.

[53] 萨武斯托维奇.地下开采对地表的影响[M].林国厦,译.北京:煤炭工业 出版社,1959.

[54] 舒广龙.内蒙古查干银矿主矿体下向分层胶结充填法开采综合技术研究 [D].长沙:中南工业大学,2000.

[55] 孙恒虎,黄玉诚,杨宝贵.当代胶结充填技术[M].北京:冶金工业出版 社,2002.

[56] 孙洪星,童有德,邹人和.煤矿区水资源的保护及污染防治[J].中国煤 炭,2000,26(3):9-11.

[57] 孙运森,刘世明,关显华.粉煤灰基胶结材料沿空留巷巷旁充填系统设计

与试验[J].齐齐哈尔大学学报(自然科学版),2014,30(6):82-84.

[58] 万海涛,方勇,肖广哲,等.充填采矿法的应用现状及发展方向[J].世界有色金属,2009(8):26-28.

[59] 王飞,张东峰.采空区充填法的应用现状与发展前景[J].科技情报开发与经济,2009(33):110-111.

[60] 王爵鹤,佘固吾.充填采矿技术飞速发展的十年[J].长沙矿山研究院季刊,1991,11(1):8-14.

[61] 王维维,李凤义,兰永伟,等.沿空留巷快速巷旁充填系统设计与应用[J].黑龙江科技大学学报,2016,26(1):10-12.

[62] 王湘桂,唐开元.矿山充填采矿法综述[J].矿业快报,2008,24(12):1-5.

[63] 徐子芳.粉煤灰聚苯乙烯新型保温建筑材料的制备实验研究[D].淮南:安徽理工大学,2010.

[64] 杨泽,侯克鹏,乔登攀.我国充填技术的应用现状与发展趋势[J].矿业快报,2008,24(4):1-5.

[65] 于水军,栗志.粉煤灰物理:化学激活新方法研究[J].粉煤灰综合利用,1998,11(2):54-55.

[66] 张华兴,赵有星.条带开采研究现状及发展趋势[J].煤矿开采,2000,5(3):5-7.

[67] 张吉雄.矸石直接充填综采岩层移动控制及其应用研究[D].徐州:中国矿业大学,2008.

[68] 张明海,李香玲.检验操作对GB/T 1346试验结果的影响[J].江苏建材,2005(3):20-22.

[69] 张强,张吉雄,邰阳,等.充填采煤液压支架充填特性理论研究及工程实践[J].采矿与安全工程学报,2014,31(6):845-851.

[70] 张志红.建筑废弃物再生利用的调查与研究[D].青岛:山东科技大学,2006.

[71] 赵彬.焦家金矿尾砂固结材料配比试验及工艺改造方案研究[D].长沙:中南大学,2009.

[72] 赵美芳,关显华.煤矿巷道支护专家系统应用研究[J].现代矿业,2014,30(6):125-126.

[73] 周爱民.矿山废料胶结充填[M].北京:冶金工业出版社,2007.

[74] 左传长.四川汶川地震灾区建筑垃圾资源化利用设想[J].再生资源与循环经济,2008,1(9):27-30.